Essential Computer Security

Everyone's Guide to E-mail, Internet and
Wireless Security

计算机安全精要
电子邮件、因特网及无线安全指南

〔美〕Tony Bradley 著
罗守山 陈 萍 刘 琳 周 虚 译

科 学 出 版 社

北 京

图字：01-2008-2328 号

This is a translated version of

Essential Computer Security：Everyone's Guide to E-mail，Internet and Wireless Security

Tony Bradley，Harlan Carvey

Copyright © 2007 Elsevier Inc.

ISBN：1-59749-114-4

图书在版编目(CIP)数据

计算机安全精要：电子邮件、因特网及无线安全指南/（美）布拉德利（Bradley，T.）等著；罗守山译. —北京：科学出版社，2008
（21 世纪信息安全大系）
ISBN 978-7-03-023098-0

I. 计… Ⅱ.①布…②罗… Ⅲ. 电子计算机-安全技术 Ⅳ. TP309

中国版本图书馆 CIP 数据核字（2008）第 151972 号

责任编辑：田慎鹏 霍志国/责任校对：钟 洋
责任印制：钱玉芬/封面设计：耕者设计工作室

科 学 出 版 社 出版
北京东黄城根北街 16 号
邮政编码：100717
http://www.sciencep.com

骏 杰 印 刷 厂 印刷
科学出版社发行 各地新华书店经销

*

2009 年 1 月第 一 版 开本：787×1092 1/16
2009 年 1 月第一次印刷 印张：13 3/4
印数：1—4 000 字数：326 000

定价：38.00 元
（如有印装质量问题，我社负责调换〈环伟〉）

作者简介

Tony Bradley（CISSP-ISSAP） 是著名的网络安全公司 About. com 的领导者。他曾在许多媒体发表相关文章，包括 *PC World*、SearchSecurity. com、WindowsNetworking. com，以及 *Smart Computing* 和 *Information Security* 等杂志。目前，Tony 是世界财富 100 强公司的安全设计师和顾问，同时他也推动了财富 500 强公司反病毒的安全策略和技术，以及应急响应方案的实施。

Tony 获得多种认证，包括 CISSP（Certified Information Systems Security Professional）和 ISSAP（Information Systems Security Architecture Professional）、MCSE（Microsoft Certified Systems Engineer，微软认证系统工程师）、MCSA（Microsoft Certified Systems Administrator，微软认证系统管理员）、MCP（Microsoft Certified Professional，微软认证专家），以及 Windows 安全 MVP（Most Valuable Professional，最有价值专家）等。

About. com 网站平均每月有 600 000 的浏览量，并且有 25 000 个固定用户。Tony 创办了 10-part Computer Security 101 课程，至今已培训数千人。除此之外，Tony 还曾参编多部安全图书，包括 "*Hacker's Challenge 3*"（ISBN：0072263040）、"*Winternals：Defragmentation，Recovery，and Administration Field Guide*"（ISBN：1597490792），以及 "*Combating Spyware in the Enterprise*"（ISBN：1597490644）。

合 著 者

Larry Chaffin 他是 Pluto 网络公司的 CEO/主席，这是一家专注于 VoIP、WLAN 和安全的全球网络咨询公司。他是一位有成就的作者。他是 *"Managing Cisco Secure Networks"*（ISBN：1931836566）的合著者，也是 *"Skype Me"*（ISBN：1597490326）、*"Practical VoIP Security"*（ISBN：1597490601）和 *"Configuring Check Point NGX VPN-1/Firewall-1"*（ISBN：1597490318）的合著者。他也编著了 *"Building a VoIP Network with Nortel's MS5100 "*（ISBN：1597490784）一书及合著/代写了其他 11 种关于 VoIP、WLAN、安全和光盘技术的科技图书。Larry 拥有超过 29 种来自如 Avaya、Cisco、HP、IBM、isc2、Juniper、Microsoft、Nortel、PMI 和 VMware 等公司的证书。他拥有在 22 个国家为很多财富 100 强的公司设计 VoIP、安全、WLAN 和光盘网络的丰富架构经验；他的同行认为他是一位在世界范围内 VoIP 和安全领域的备受尊敬的专家。Larry 花费了大量的时间教授和指导全球的 Voice/VoIP、安全和无线网络领域的技术人员。目前，Larry 正在从事利用 Nortel 的多媒体通信服务器 5100 创建 VoIP 网络方面的工作，而且编著一些关于 Cisco VoIP 网络、实践 VoIP 案例研究和国家网络浪费纳税人的钱的新书。

Larry 合著了第 5 章。

Jennifer Davis 是 Decru 网络应用公司的高级系统管理员。Decru 公司提供存储安全方案以帮助系统管理员保护数据。Jennifer 的专长在脚本、系统自动化、整合与故障排除，以及安全管理等方面。

Jennifer 是 USENIX、SAGE、LoPSA 和 BayLISA 的成员。她住在加利福尼亚州的硅谷。

Jennifer 编写了附录 B。

Paul Summitt（MCSE、CCNA、MCP＋I、MCP） 拥有大众传播专业硕士学位。Paul 是一位网络、交换机和数据管理员，也是 Web 和应用开发人员。Paul 编写了一些关于虚拟现实和 Web 开发的书，也是几本关于 Microsoft 技术的书的技术编辑。Paul 和他的妻子 Mary 生活在哥伦比亚的 MO——Mary 也是他的写作同伴。

Paul 合著了第 7 章。

技 术 编 辑

Harlan Carvey（CISSP） 是 ISS/IBM 计算机取证工程师，主要为 ISS 客户提供应急响应服务。他主要专注于漏洞评估、渗透测试，以及为联邦政府和商业客户提供应急响应和计算机取证服务。同时，他在应急响应培训方面也有丰富的经验。

Harlan 获得弗吉利亚军事学院（Virginia Military Institute）电子工程学士学位和拉瓦尔研究生学院（Naval Postgraduate School）电子工程硕士学位，并且在 Usenix、BlackHat、DefCon 和 HTCIA 等会议发表演讲。同时，Harlan 还是一位多产的作家，许多期刊和网站都刊载其发表的文章。另外，他还编著了《Windows 取证和事件恢复》（*Windows Forensics and Incident Recovery*）一书。

前　言

　　不可否认，个人电脑的革命已经改变了社会的通信方式。现在，收到一封电子邮件已经变得比收到一封邮政邮件要普遍得多。事实上，计算机网络已经成为生活中不可或缺的组成部分。伴随着因特网的增值和扩展，个体和商业机构从来没有如此清楚地认识到访问网络和网络所能提供的是那么重要。生活中的方方面面都可以在因特网上接触到。我们可以在网上购买各种商品；管理银行账户，计划旅游及预订旅店；获取建议和评论；在任何选定的时间、任何的地点同任何用户交流。然而如此的便利性并非没有相应的危险，这种危险包括大家所熟悉的黑客和病毒。本书提供了大量的计算机安全方面的知识。

　　对于初学者，因特网如同18世纪中期拓荒前的美国西部，对于许多美国人来说它是如此的迷人和让人激动。西部那些广博的资源给予人们新的发现和机会。然而，如同狂野西部一样，因特网严重缺乏规范。缺少恰当、有效的法律来维护它的安全，而且时常充满了让人不愉快的意外事件。所有连接在网上的个人和组织每天都冒着被攻击的危险，同时，他们需要建立和维护自己的安全。

　　虽然因特网已经成为普遍存在的通信和搜寻工具，但是重要的是要记住因特网是一条双行线——你的电脑连接着它，反之亦然。理解确保安全所需要的工具和技术，意识到自己所处的位置是容易受到攻击的，并确保其电脑安全，这些对用户是有益的。幸运的是，基本的计算机网络安全知识是一个不懂技术的人也能理解的。不论使用的是一个单独的计算机或是整个的计算机网络，Tony Bradley 都将会手把手的教给你建立和确保安全所需要的知识。

　　安全是一个过程，而不是一个产品，并且计算机安全是所有人的责任。你不会把家或者企业的后门敞开留给入侵者，对于计算机里的价值需要同样的审慎。即便 Dodge City（道奇城）也需要有 Wyatt Earp，在事情失去控制的情况下来维持秩序。在因特网的世界中，没有治安州长。伴随《计算机安全精要》一书，你将会使用计算机安全各方面的基本知识来武装自己。

Douglas Schweitzer, Sc. D.

安全专家，《防御恶意代码》的作者

引　言

　　购买大多数家用电器的时候，随机都会附有用户手册。用户手册包含家用电器的全部信息。它介绍这个按钮是干什么的，如何安装和设置家电以使其能够工作。用户手册还包括操作家电的实际步骤。通常，还包括如何获得服务、在何处获得服务、零件册、基本故障处理，以及在使用前应该注意的事项。

　　对于录像机、微波炉、面包机和吸尘器而言，它们都是居家常用的电器，都是家居必需，都有其职能。购买这些东西的时候，是因为它们能够完成具体的任务，而用户手册提供了所有完成这些任务需要的信息。

　　大多数人把个人计算机也看作是一种家电。对一些用户来说，计算机是一种很棒的计算器，它能跟踪和管理他们的经济状况。对另一些用户来说，计算机是给朋友和家人发送电子邮件的一种通信方式。还有人认为计算机是一种高档的游戏终端，可以运行最新的动作游戏。有关计算机的这个列表可以不断地继续下去。总之计算机是一种多功能的电器，它对不同的人来说意味着不同的功能——有时甚至对相同的人也意味着不同的功能——这取决于用户那时想让计算机做什么。

　　所以，也许希望计算机有一个非常庞大的、包含所有可能用到的任务的用户手册，不是吗？不幸的是，事实并不是这样。现实是有关计算机的用户手册一般是相当简单的。通常，一台新计算机所带的用户手册中只有一些简单的指令说明，如将哪根电线插入哪个孔就可以启动计算机。还会提供一些关于主板的技术细节，如处理器、内存，以及其他部件在主板的什么位置，或者是如何设置 BIOS（基本输入输出系统——控制和操作主板的"大脑"）。不过大多数计算机用户手册言尽于此。

　　但是，不能责备计算机制造商。录像机只是预先录制，播放录像带，面包机只设计来烤面包；与这些电器不同，计算机有太多可能的用途，以至于不能在用户手册中全面叙述。

　　本书就是一本这样的手册，它把系统看成一个整体，并介绍一些保护这个系统的必备知识。当把录像机接入电源没什么特别的事情会发生。当有人接触面包机的时候，也不会有泄露私人财务数据的危险。恶意的攻击者也不会用吸尘器攻击世界上另一些吸尘器。

　　但是，当把计算机接入互联网，你就变成了一个包含数百万计算机和设备的系统中的一份子。在这个系统中，所有计算机都互相联系并可能影响其他计算机。这里每个计算机是独一无二的，因为它是家用"设备"的一部分，每一个都具有安全的考虑与实现，并且正常运行。

　　你对计算机的了解程度，可能与你对录像机或者微波炉的了解差不多。你知道如何使用，怎么启动、登录、浏览网页、发送电子邮件等。但是你很可能不知道处理器的速度、内存的容量，或者 TCP 的端口 80 是否开放给外部的连接。你甚至不知道一些攻击者在利用你的计算机。

你可能不想成为计算机或者安全专家。你可能不在乎硬盘有多大、处理器有多快。你只想让计算机以最小的代价完成工作。但是当你在互联网与他人分享信息的时候，如果想安全地使用计算机，那么理解其中的危险、如何避免这些危险、如何保护计算机远离诸如病毒和木马、间谍软件之类的恶意威胁，就很重要了。

已经有了不少关于计算机和网络安全的书，大多数书的问题是，它们都是写给已经了解计算机和网络安全的人的；而普通的计算机用户并不了解网络安全，甚至不知道从哪里开始。本书就是写给普通的计算机用户，或者刚开始接触网络安全的用户，它提供了对不同的威胁及相应防护措施的入门性指导。

我不打算教读者所有的东西，也不指望你们能够成为专家。我只是希望通过阅读本书，讲述这些预防措施——或者甚至只是部分预防措施——能够使你们有一个更安全、更有趣的网上冲浪体验，并且保证缺乏计算机安全知识的你不会在与我们一起分享互联网的时候影响其他人。我希望本书成为互联网用户手册，帮助你理解遇到的危险、告诉应该采取的预防措施，这样就可以让你的"家电"以最小的代价和最少的失败安全地工作。

为什么要写这本书？

本书并不想做到面面俱到。书架上有数以百计的书，覆盖了计算机和网络安全的各个方面。从这些书中，你可以找到很多比本书更深入、技术性更强的信息安全方面的书。也有很多书阐述网络安全的具体方面，如加密、防火墙、备份、恢复等，要比本书更深入、更细节化。

本书写给安全方面的入门者，告诉他们有关"电器"安全操作的信息和建议，不仅仅是为了保护他们自己，同样为了保护与他们联网的人们。我已经尽可能用简单的方式表达，并没有太多的术语，但是如果确实碰到任何缩写或是不熟悉的名词，可以在附录C的术语表中查找。

本书的目的在于介绍足够的计算机和网络安全知识，帮助读者理解潜在的威胁并保护计算机。在每章的最后有该章要点的摘要。

本书着眼于安全，大部分内容可以应用于所有的计算机系统，其中的例子和插图主要来自 Microsoft Windows XP。诸如防火墙、口令、无线网络安全这样主题的细节与具体的操作系统无关，它们可以应用在所有系统上。不必在意是否使用 Windows XP。计算机安全的基本概念不局限于操作系统，而适用于所有的平台。

本书结构

本书分为 4 个主要部分：

■ "基础知识"部分阐述了应该立刻掌握的安全知识。只有当这些准备工作完成后，你的计算机才能与其他计算机或互联网连接。如果遵循这些建议，那么就可以安全地连接到互联网。

■ "安全进阶"部分对不同的安全技术和如何安全发送电子邮件及网上冲浪做了更深入的解释。

■ "测试和维护"部分提供了一些测试计算机和网络安全的方法，以及必须注意安全功能升级以保护安全。

■ "安全资源"部分提供了一些参考资料和关于计算机网络及互联网基本概念的初级读物。这部分是为有志于更进一步提高水平的读者准备的。

章节概述

下面对本书中的章节进行简要的概述。

■ 第1章：基本 Windows 安全。本章介绍 Windows 操作系统中的基本安全知识，例如，创建和管理用户账户，对文件和文件夹设置访问权限以保护数据。

■ 第2章：口令。口令是进入计算机系统的钥匙。显然应该仔细选择一个不容易被猜中的或者不易被破解的口令，并且妥善保管。

■ 第3章：病毒、蠕虫和其他恶意程序。本章探讨反病毒软件是如何工作的，可以防止何种威胁。本章同样包括为了保证始终处于被保护状态，应该更新维护反病毒软件方面的知识。

■ 第4章：补丁。本章讨论保持计算机系统更新的重要性，这样可以使你免受已知的攻击方式侵犯。本章还包括在新安装的操作系统上打上必要补丁的步骤。

■ 第5章：边界安全。本章概括了将计算机或网络围上一堵"墙"的安全技术，即所谓的"保护你的边界"。这些技术包括防火墙和入侵检测系统（IDS）。

■ 第6章：电子邮件安全。电子邮件是一种非凡的通信工具，并且带来越来越高的生产力——前提是你能够摆脱垃圾邮件、欺骗者和带病毒的附件。本章旨在帮助读者尽可能地消除垃圾邮件，这样你就可以把注意力集中到想阅读的电子邮件上了。

■ 第7章：网上冲浪的隐私和安全。本章简要介绍了上网的时候可能会遇到的潜在威胁，以及如何才能在网上冲浪获得最好的体验的同时，又有效保护计算机、网络和身份。

■ 第8章：无线网络安全。无线网络使得连接互联网和其他设备更加容易方便。无线网络提供了连接的自由。但是自由的代价就是安全上的威胁，所以得更加谨慎以保护无线数据安全。

■ 第9章：间谍软件和广告软件。在安装软件、上网冲浪的时候，一些被称为间谍软件或广告软件的小程序可能会安装到计算机上。它们中的一些是合法的，但是很多不是。这些程序都以某种方式监视你的计算机活动，并将相关信息反馈给发布的公司或用户。本章将帮助读者防御间谍软件和广告软件的入侵，以及在已经感染的情况下清除。

■ 第10章：保持安全。你必须经历了安装安全产品（如反病毒软件、防火墙）的所有麻烦，并且把系统重新设置得尽可能安全。安全是一个过程，而不是一个产品。你必须做一些事情维持计算机安全。

■ 第11章：当灾难袭来的时候。无论计算机多么安全，数据还是会遭到一些意外。定期备份重要数据是非常重要的。定期做一个备份，以防发生安全事故的时候丢失数据，这种规划也是很重要的。

■ 第12章：Microsoft 的替代品：Linux。本书大部分着眼于 Microsoft Windows

平台及 Microsoft 自带的产品，如 Outlook Express 和 Internet Explorer。本章涉及其他厂商产品的应用，提高系统的安全性。

■ 附录 A：网络通信基础。附录 A 提供了相当多的关于通用网络和互联网的细节。本书仅仅提供一些安全的基础知识，而并不打算讲解所有的事情。但是如果想获取更多的信息，这个附录将帮助读者简单掌握这些东西是如何工作的。

■ 附录 B：案例学习：小型办公（5 台电脑、打印机、服务器等）。家庭安全并不像企业环境发展那样成熟。用户在远程办公的时候通常没有时间成为安全专家。这个附录讨论如何使用 netstat 打开系统端口，如何使用 lsof 检查打开的端口，并且包括了一个案例学习。这个案例展示了一个家庭用户是如何在没有很多系统和安全经验的情况下设计一个 SOHO 防火墙的。

■ 附录 C：术语表。附录 C 提供了一个安全术语和首字母缩写词的词汇表。当遇到需要解释一些术语的时候，可以当作资料查阅。

目　录

第三部分　测试和维护

第四部分　安全资源

第一部分
基 础 知 识

第 1 章
基本 Windows 安全

本章主要内容:

- ■ 为什么我们需要安全
- ■ 为什么我们会处在风险中

- √ 小结
- √ 其他资源

引言

家庭电脑主要使用 Windows 作为操作系统。其中大多数的该类用户在过去的几年中通过购买新的计算机系统，或者通过升级，最终应用到 Windows XP 操作系统。

本书将探究如何使用不同的安全应用，例如，网页浏览器或者电子邮件客户端。在此之前，需要理解基本的操作系统安全知识。本章介绍如下内容：

- 基本的计算机使用中的风险
- 访问 Windows
- 用户账户和安全组
- 文件和文件夹安全
- 保护 Windows 服务
- 隐藏文件扩展名的危险
- 使用屏保当作一种安全工具

为什么我们需要安全

对于所有已知和未知的攻击和利用，需要电脑是完全的、肯定的、100％的安全吗？这很简单：把电脑放置在盒子里就能够做到这点。因为一旦开启了电脑，就开始处于功能性（或者便利性）和安全性之间。不幸的是，许多使得电脑更加容易使用的行为，同时也会造成很多安全问题。

一些人很感激计算机具有这样的功能：打印机能够与电脑通信，并且在墨粉快用完或者纸盒快空的时候通过消息警告他们。然而，保留 Windows 操作系统这个消息服务，即用来为打印机和电脑之间通信的服务，就意味着开启了一个功能，该功能可能会使电脑频繁地接收垃圾消息。

建立一个网络的主要目标之一就是共享资源，这些资源可能是数据和打印机。或许需要共享文件或者文件夹，以便于它们能够被另外的一台电脑通过网络来访问。不幸的是，许多病毒和蠕虫使用同样的连接，通过从一台电脑感染到另一台，直至感染全部的网络。

假如在阅读本书的过程中，你不会断开电脑的网络连接且将它密封在箱子里。我奉劝你应该花一点点时间，在广泛的信息中获取一部分就能够达到一些安全。很少的一些知识和一些常识，就足以免受大部分的电脑威胁。

过去的几年里，Microsoft 在他们的操作系统和应用程序上已经做了很多安全方面的改进。为了使操作系统更加的安全，Windows XP Service Pack 2 已经做了很多的改进。这个操作系统是面向家庭用户的，从它的逐步改进可以看出，一个需要高度安全的市场反而一直不安全。

许多用户对安全的理解是："我没有任何有价值的东西需要保护，为什么需要关心呢？"。首先，电脑上拥有你所没有意识到的一些价值。你有没有使用电脑来计算你的收入税，并且将这些内容保存到文件中？你的电脑中是否存有包含姓名、生日、电话号码的文档？一些人会觉得这些信息有用，他们将会想要访问你的商业信息或者窃取你的身份信息。

安全操作自己的电脑另外的原因就是"保护我们中的其他人"，这是一个不同的观点。如果你留着房子没有锁门，因此被偷了，这个确实只是影响了你。如果你留着车门没锁，因此导致 CD 被偷了，这个也确实只影响了你。但是，如果你留着电脑没有"锁门"，由此导致被"偷"了，这个会影响网络或者因特网上的其他电脑系统。

为什么我们会处在风险中

目前，网络病毒、蠕虫、身份失窃、电子欺骗和其他的电脑攻击非常普遍，你或许有这样的疑惑——"哪里没有威胁？"。如果你对于自己所面临的威胁有一定了解，就更加容易理解计算机安全的重要性了。

恶意软件

对于大量的恶意程序，恶意软件是对它们的一个笼统的描述。它包括如病毒、蠕虫、特洛伊木马、间谍软件和任何其他的恶意程序。

即使你相信在电脑系统里没有任何有价值的东西去保护，不保护电脑会使得大量的、不同的恶意程序通过电子邮件，每天如洪水般涌进电脑。这些程序会完成一系列的恶意行为，包括可能获取你的口令和信用卡号码、发送恶意软件给其他的电脑或者给每一个你知道电子邮件地址的用户，使用你的电脑来对网站实现拒绝服务攻击等。

脆弱的口令

口令是大多数用户所熟悉的，可以被用来访问一个电脑系统或者程序。如果口令是脆弱的，并且一个攻击者通过尝试与猜测破解了它，攻击者就能够访问私人信息、偷窃身份、使用账户安装执行程序等。更糟糕的是，这些甚至可以在不知道口令的情况下，攻击者通过使用远程威胁的手段来完成。

物理安全

在相对安全的家庭环境下，物理安全不是一个大问题。一般的，你不会允许某人在你家坐在电脑前，然后进行一些攻击操作。然而，你的电脑还是存在被偷或者丢失的风险。

物理安全是网络安全的一个底线。一旦攻击者能够通过物理手段访问电脑，他会不留情面。当一个攻击者坐在电脑前，使用键盘和磁盘驱动器时，他会有很多方法绕开已经设置的病毒防御安全系统，从而获取数据。

网络"邻居"

一些电脑能够更加容易的与你的电脑进行通信，它们就是那些和你的电脑连接在一个网络上，或者在同一个 IP 地址范围里的电脑。相比其他电脑，这些电脑能够更加容易地获取你的信息。

如果你正在使用调制解调器来访问因特网，那么你此时与所在区域内的其他用户共享网络。这意味着，如果你不小心设置共享的方式和采用什么样的安全策略，那么同一区域的其他用户就能够看到，并且能够访问你的磁盘和数据。

有一些不当的操作方式能够使你的电脑和其中所含的数据处于危险中。下面的内容将会引导你如何确保电脑安全、限制用户权限、控制对文件和文件夹的访问，以及其他安全策略。这些策略在开始和其他电脑连线之前，或者将电脑连接到因特网之前，就应该要设置到位。

登录

Windows XP 有一个华而不实的功能，称为欢迎界面。在第一次系统启动时，将会看到一个欢迎界面，如图 1.1 所示。

图 1.1　当第一次启动 Windows XP 系统时，Windows XP 欢迎界面的默认显示

开始时，简单地通过单击用户名边上的图片，并且以管理员的身份访问系统。如果设定了一个对应于用户账户的口令，单击图片将会打开一个输入口令的输入框，以便输入密码并登录。

在连接到局域网络的 Windows XP 专业系统上，这个欢迎界面将会被一个如同 Windows 2000 类似的登录界面取代。用户需要同时按 Ctrl＋Alt＋Delete 键，然后出现一个窗口，必须要输入一个有效的用户名和口令来登录系统。

用户账户

用户账户是一个控制访问数据和资源的主要手段，还可以用于个人化 Windows 的外观和操作方式。旧的 Windows 版本，如 Windows 95 和 Windows 98，有一个可以允许每一个用户来个性化 Windows 的外观的用户模型，但是这些用户模型没有提供任何的安全。它们只是看上去安全，因为它们和口令有一定的联系。因为，任何人可以很容易按 Esc 键，然后登录默认用户模型，从而进入系统。

　　本书没有介绍用户账户的每一个细节，但是会使用很简单的语言来展示如何使用安全的方式设置用户账户。那些攻击者多少知道一点用户账户的默认安装设置的知识。按照本章的建议，你可以抵抗大多数的新手黑客，并阻碍他们的攻击。

　　当第一次安装 Windows XP 时，要求创建最少一个，并且最多 5 个的用户账户，如图 1.2 所示。这个时候建立的任何账户，都会自动添加到管理员组，并且给予一个空白的口令。因为这个原因，我建议这时只添加惟一的用户账户。然后，按照访问等级添加其他的用户账户并分配合适的口令。

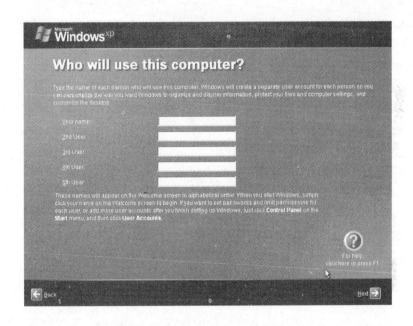

图 1.2　建立 Windows XP 的用户

　　如果是在一个旧的 Windows 版本升级而来，当安装 Windows XP 时，一个配着空白口令的、已经存在的用户将被自动添加到管理员组。一个例外是：如果你在一个连接网络的系统上安装 Windows XP 专业版，而不是在工作组或者标准的单机上安装，这个安装过程将会提供设置一个口令的机会。

注 释

　　继续学习之前，做一个简洁的注释。大多数的建议都要求你以管理员的身份登录，或者你的登录账户位于管理员组中。基于我早前所描述的，这就是在安装 Windows XP 系统时，建立任何账户时会出现的情况。但是，如果遇到了问题，或者消息提示你没有许可或者授权来完成这些操作，就应该检查且确信，你目前使用的账户是管理员组里的一员，从而才能完成必要的修改。

限制账户数目

为了不同的用户拥有自己定制的个性化 Windows 设置和"我的文件夹"，他们需要拥有自己的用户账户。

工具和陷阱

管理员工具

按照下面的建议使用管理员工具将会使生活变得轻松很多。在默认环境下，Microsoft 没有使这些工具在 Windows XP 系统下可用。可以按照下面步骤去获得这些工具：

(1) 右击屏幕底部的"开始"按钮，并且选择"属性"选项。

(2) 单击"开始"菜单标签。

(3) 单击"定制"按钮。

(4) 单击"高级"按钮。

(5) 在"开始菜单"框内，鼠标滚动到底部，然后选择"管理员工具"选项。

然而，用户账户越多，对于攻击者来说，潜在的攻击目标就越多。因此限制系统的用户账户是很重要的。在家庭环境下，你或许会为成年人选择一个独立的账户，有时也会拥有一个共享的单独的"儿童"账户。你肯定会确信删除了完全相同的或者没用的用户账户。

能够通过在控制面板单击"用户账户"选项来浏览用户账户。然而浏览只能展示在本地允许登录的用户账户。还会有一些隐藏的账户被其他操作系统和应用程序使用。要看到全部的用户列表，需要在电脑管理模块里浏览。不幸的是，在 Windows XP Home 中，没有提供这种浏览方式。此时，只有接受，并没有什么方法去改变这些。Windows XP Home 用户仍将需要在控制面板中，通过单击"用户账户"按钮实现这些改变。

可以通过多种方法到达计算机管理模块：

■ 右击桌面上的"我的电脑"，如果设置为可用，然后选择"管理"选项。

■ 在 Windows 资源管理器窗口左边的导航栏中，右击"我的电脑"，然后选择"管理"选项。

■ 单击"开始 | 所有程序 | 管理员工具"，如果设为可用，然后选择"计算机管理"选项。

■ 单击"开始 | 运行"，然后输入 compmgmt. msc，打开计算机管理模块。

通过这些方法将打开计算机管理窗口（如图 1.3 所示）。想要浏览用户账户，只需要单击"本地用户和组"和组边上的"+"，然后单击"用户"。你将会看到类似图 1.3 的一个窗口，该窗口中罗列了系统里所有的用户账户。当前废止的账户将会有一个红色的×在上面。

可以右击任何的用户账户去重命名、删除它们或者改变其口令。也可以选择"属性"选项，以执行其他的任务，例如，废止账户、设置下一次登录时必须要改变的口

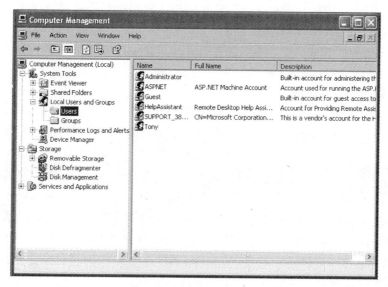

图 1.3 Windows XP 计算机管理控制台允许你管理一系列的管理员任务

令、设置不能被改变的口令等。

废止"来宾账户"

废止"来宾账户"是自该类账户第一次建立时，就被安全专家所推荐的。在以前 Windows 系列版本中，"来宾账户"没有太多实质的意义，并且能够为攻击者提供访问系统服务的机会，主要是因为由于采用默认设置，"来宾账户"没有口令。

在 Windows XP 中，事情就不是这样了。对于攻击者来说，"来宾账户"仍然是一个容易的攻击目标。但是在 Windows XP Home 和在没有连接到区域网络的 Windows XP Professional 系统中，"来宾账户"在网络仍是一个完整的共享资源。事实上，在 Windows XP Home 操作系统中，是不可能真正删除"来宾账户"的。

单击"控制面板"，进入用户账户，可以关闭在 Windows XP Home 的"来宾账户"，我们所做的全部只是废止本地登录"来宾账户"。这个账户不会出现在欢迎界面，并且没有人能够通过"来宾账户"进入且登录到系统。然而实际的信任和口令仍将在幕后激活。简单地说，Windows XP Home 的网络文件和资源共享依赖于"来宾账户"。确保"来宾账户"在 Windows XP Home 系统下安全的最好方式是设置一个强口令，即为"来宾账户"设置一个难以猜出和破解的口令。

注 释

更多的关于口令和创建强口令的内容请见第 2 章。也可以参考《完美密码：选择、保护、鉴别》（Syngress 出版社，2006，ISBN：1-59749-041-5；科学出版社即将引进出版）。

在 Windows XP Home 下，为"来宾账户"创建口令也不是一件容易的工作。当在

Windows XP Home 中从"控制面板"打开用户账户控制台，并且选择了"来宾账户"的时候，创建口令不是一个可用的选项。

为"来宾账户"建立一个口令，需要打开一个命令行窗口（单击"开始 | 所有程序 | 附件 | 命令提示符"）。输入下列语句：

net user guest ＜口令＞。

简单输入想要的口令到命令行的末尾，然后按 Enter 键。现在已经建立了一个"来宾账户"的口令，修改和删除口令的选项将会出现在用户账户控制台。

重命名管理员账户

一个攻击者为了进入系统，真正需要得到两个东西：一个合法的用户名和与其相关联的口令。攻击者容易了解到所使用的操作系统和应用程序，因为在其产品安装时，就有提示信息。因此，每个人都知道，Windows 建立了一个叫做管理员的用户账户，默认时是管理员组的一个成员，并且 Windows XP 用空格作为其口令。拥有这些信息，可以说一个攻击者拥有了一个施行攻击的利器。

为了防止一个攻击者能够区分哪一个账户是真正的管理员账户，一个方法是重命名管理员账户，使攻击者难以确认。这个方法起码可以保护系统免于被新手或者低级黑客攻击。

应该选择一个有一定意义的名字，但是又不很明显地表明这是一个管理员账户。也就是说，把它叫做你家庭名字的变体（例如，"Chuck"，如果你的名字是"Charlie"；或者"Mike"，如果你的名字是 Michael）。如果重命名它为 Admin，LocalAdmin 或者其他类似的，它会看起来就像一个管理员账户，那么难以永久地甩掉攻击者。

可以通过先前所列的步骤打开计算机管理控制台，然后单击"本地用户和组"边上的"＋"号，重命名管理员账户，然后单击用户，右击管理员账户然后选择"重命名"选项。此时，你将需要使用另一个具有管理员特权的账号来完成这些更改，因为不能够重新命名当前登录的账户。

Windows XP Home 本质上并没有建立一个管理员账户（它只在隐藏账户中存在，并且只有在使用安全模式登录系统才可见）。但是应该按照同样的思路来命名计算机管理员的账户。

建立一个虚拟的管理员账户

通过前面的学习，现在应该会建立一个虚拟的管理员账户了。大多数攻击者也具有一定的知识，知道 Windows 2000 和 Windows XP Professional 会默认建立一个管理员账户，会利用这些去尝试破解或者攻击你的电脑。如果他们尝试去访问你的系统，发现那里没有管理员账户，那么这将泄露给攻击者一个信息，即其他已存的账户中有一个是"真正"的管理员账户。

有很多的方法能够让一个高级的攻击者判断哪个账户是真正的管理员，但是，一般来说，新手没有这些技能。一旦通过前面的步骤重命名了管理员账户，就建立一个新的账户，称为管理员（Administrator），并且分配给它有限的账户权利类型。

安全组

如同用户账户，安全组帮助管理访问数据和资源。用户账户允许定义权限和授予访问个体的要素，而一个安全组允许定义权限和授予访问一个组的要素。

在一个商业网络环境中，一般会有很多用户和数据，这些数据会被一个雇员组服务，并且不能被其他人访问。此时，安全组就会变得很有用。这也许就是为什么 Microsoft 只是在 Windows XP Professional 引入安全组的功能，而并没有在 Windows XP Home 里给出这样的功能的原因。如果你正在一个家庭网络上使用 Windows XP Professional，这些知识会很有帮助。但是如果你只关注 Windows XP Home 系统，则可以不阅读这些内容。

使用安全组，可以更有效性地设定权限和访问特权。在有很多用户需要访问资源的情况下，分配给父母或者管理员一种权限，然后有限制地给孩子或者一般的用户分配另一组权限，这样做是简单的。使用安全组而不是独立的账户，将会使管理用户权限的工作变成容易一些。

可以使用前面介绍的相同的步骤来进行相应的设置。在用户账户下打开"计算机管理"模块，然后在左边的窗格选择"组"，而不是"用户"。

Windows 有预先设置的特定的安全组。表 1.1 列出了多种操作系统内置的安全组，并且针对每条都给出了一些简单地描述。

表 1.1　Windows 2000 和 Windows XP Pro 内置的安全组

安全组	Windows 2000	Windows XP Pro	描述
管理员	✕	✕	大多数的安全组。组内的成员有权限在计算机上做任何事情
用户	✕	✕	这个组有权限使用系统绝大多数的功能，但是在安装或者改变计算机设置方面的权限是有限的
来宾账户	✕	✕	在访问权限和更改系统设置方面，来宾账户拥有非常有限的权限。但是在 Windows XP 操作系统，来宾账户账户是文件共享系统的一部分
帮助服务		✕	这个组在 Windows XP 操作系统里是新事物，允许系统维护员去连接你的电脑
权利用户	✕	✕	其权限处于在用户和管理员之间。这组用户有一定的权利和能力去安装和设置系统，但是不具备管理员的全部权限
备份操作员		✕	这个一个特殊的组，其成员可以备份和存储一些文件和文件夹。在一般情况下，这些文件和文件夹对于它们是没有访问权限的
复制者	✕	✕	只是与基于域的网络相关，这个组有权限管理文件拷贝
网络设置操作员		✕	这个组授予成员添加、修改或者删除网络连接，以及改变 TCP/IP 设置的能力
远程桌面用户		✕	这个组的成员能够使用远程桌面连接功能，进行远程连接电脑

如果这些没有一个符合要求，也可以建立自己定制的安全组来约定和授予访问文件、文件夹或者其他网络资源，例如，使用打印机的权限等。

Windows 2000 和 Windows XP Professional 用户，可以在计算机管理控制台使用当地用户和组，浏览安全组及添加移除成员。

Windows XP Home 账户类型

在 Windows XP Home 中，选择的安全组的范围基于在控制面板用户账户界面里选择的账户类型。有两种选择：计算机管理员或者有限的账户类型。

计算机管理员等价于管理员，拥有所有的权限去访问整个电脑。有限的账户类型类似以前提到的用户安全组。被分配到有限的账户类型的用户将不能够进行安装、修改程序或者设置计算机系统等操作。

FAT 32 与 NTFS

你或许从来没有听说过术语 FAT 32 和 NTFS，或者起码从来没有关心过它们是什么。它们是文件系统。格式化硬盘时可以选择使用 FAT 32 或者 NTFS 格式。

它们都有优点也有缺点。但是从安全的角度，应该选择 NTFS。FAT 32 不能够提供任何的文件或者文件夹安全。另一方面，NTFS 允许从一个独立的层次保护文件，并且制定允许哪些用户去访问这些文件的权限。如果要使用 EFS（加密文件系统）进一步保护数据，则必须使用 NTFS。

当与其他电脑在网络上共享文件和文件夹时，底层的文件系统是什么就没关系了。其他在网络上的电脑，不论是运行的 Windows XP，Windows NT，Linux 或者其他别的操作系统，都将能够访问共享数据。如果使用 FAT 32 共享文件，那么不能够在文件层次上提供安全。也就是说，任何可以访问这些共享资源的用户，也能访问共享磁盘和文件夹的任何东西。

最后需要注意的是，NTFS 也适合大型文件和磁盘分区。相比 FAT 32 文件系统，NTFS 能够提供更好的文件压缩和更少的文件碎片的功能。

文件和文件夹安全

有一个方法能够确保数据安全，那就是通过设置权限和访问的限制来识别哪些用户或者安全组被允许去浏览、添加、修改或者删除文件。如果将文件设置为只有自己才能访问的模式，并且一个在本台计算机上的其他用户变成了不被信任的用户，不论是通过一个病毒或者蠕虫，通过黑客或者其他的方法，这个不被信任的用户将不能够破坏受保护的数据。

给文件或者文件夹设置安全和权限，只需简单地右击它，然后选择"共享和安全"或者"属性"选项。该界面开启，可以选择在 Windows XP Home 中共享或者在 Windows 2000，Windows XP Professional 下的安全栏，这些可以实现使用常规的文件和文件夹安全模型。

保持简单

Windows XP Home 使用了一个共享的模型，称为简单文件共享。在没有连接到网络的 Windows XP Professional 的计算机上，简单的文件共享是一个选项。为了使这些事情对于用户更加简单一些，与许多的功能设计一样，配置上的难度不高。相比 Windows XP Professional 或者 Windows 2000，文件和文件夹共享的安全性更低。

结合 Windows 98 的安全模型机制，简单的文件共享是 Windows XP 中的安全模型。通过简单的文件共享，可以选择共享一个文件夹或者不共享文件夹。但是，即使使用了 NTFS，也没有获得文件级的访问权限。本质上，一旦文件夹被共享了，在网络上的任何人将能够访问共享文件夹中的任何东西。

提 示

Windows XP Home 用户应该使用简单的文件共享。Windows XP Professional 用户能够开启或者关闭它，这可以通过以下操作实现：在 Windows 资源管理器工具栏上，单击"工具｜文件夹选项"。单击"查看"标签，然后在"高级设置"中滚动滚动条，找到"使用简单文件共享"选项。

因特网上 Windows XP Home 的很多用户非常关注这些。如果没有采取特定的预防措施（例如，利用防火墙阻拦 Windows 用户文件和文件夹共享端口），任何在因特网上能够看到你的电脑的人，将能够访问共享文件夹中的文件。如果按照前面描述的方法给"来宾账户"账户设置了一个强口令，这样风险就降低了。

在 Windows XP Home 和 Windows XP Professional 操作系统中，使用简单的文件共享的同时，也提供了其相反面，即使用文件夹中的"专用"选项。当标示文件夹为"专用"，文件权限就被设置了这样：只有你拥有能力去打开和浏览包含的数据（如图1.4 所示）。

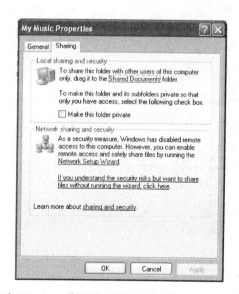

图 1.4　右击在 Windows 资源管理器里的文件夹，然后选择"共享和安全"选项设置文件夹的访问规则

共享和安全

如果使用的是 Windows XP Professional，建议关掉简单文件共享，然后使用标准的文件和文件夹安全。打开"我的电脑"或者一个 Windows 资源管理器窗口，然后选择"工具 | 文件夹选项"。然后单击"查看"标签，并且在"高级设置"中滚动滚动条，然后确信没有勾选"使用简单文件共享"复选框。

工具和陷阱

XP 密码警报

如果尝试使用没有口令的用户账户使文件或文件夹为"专用"，Windows XP 将会警告你，并且提供机会去创建一个密码。

警报内容为：

你当前没有在你的用户账户拥有一个口令，即使你使得这些文件夹为"专用"，任何人也能够以你的身份登录访问这些文件夹。

你是不是想为自己创建一个口令？

Windows 2000 或者 Windows XP Professional 提供了常规的文件和文件夹的共享功能，如果关闭了这些功能，就能够控制其他用户对数据的访问。

对于文件和文件夹而设置的用户账户和安全组，可以执行添加或者删除操作（记住，如果处理的用户不止两三个，使用安全组可以更容易地追踪和管理权限）。对于每个用户账户或者安全组，可以选择"允许"或者"拒绝"来定制访问等级。

可以选择"允许"或者"拒绝全部控制"，这样做能够给予用户账户或者安全组对数据做任何操作。这些操作包括全部修改或者删除，或者改变其他用户的权限。如果没有授予"完全控制"，可以选择"允许"或者"禁止"以下操作：修改、读取且执行、列出文件夹内容、读取或者写的能力。表 1.2 对这些访问等级进行了总结。

表 1.2   Windows 2000 或者 Windows XP Professional 的访问等级

文件和文件夹权限	授予的能力
完全的控制	通过修改或者配置操作，为其他用户账户和安全组设置权限。拥有文件或者文件夹的操作权限。在文件夹权限允许的前提下，删除文件夹或者任何子文件夹。完全控制同时也允许对其他文件和文件夹权限的操作
修改	这个权限允许用户在文件夹权限允许的情况下删除文件夹。同时也允许执行任何写和读，并且执行相应权限下的所有动作
读取和执行	允许用户读文件夹和文件的内容，包括查看文件属性和权限。这个权限也允许用户执行或者运行文件夹中的可执行文件
列出文件夹内容	只是文件夹的权限，这个权限允许用户显示文件的目录和文件夹下的子文件夹列表

文件和文件夹权限	授予的能力
读取	这个权限允许用户在文件夹权限允许情况下查看文件，以及文件夹下的子文件夹。对于文件权限，它授予了阅读可疑文件的能力。用户也可以查看文件或者文件夹的属性，这些属性包括拥有者、权限和属性（例如，只读、隐藏、存档和系统文件）
写	写权限允许用户添加新的文件到文件夹，或者在需要时，修改文件或者文档。这个文件夹权限也允许用户添加子文件夹到文件夹，修改文件的属性和查看文件夹的所有者和权限。同时，这个文件夹权限允许用户对文件实施类似的操作，包括覆盖文件、修改文件属性，并且查看文件所有者和权限

　　设置权限需要注意两个问题。首先，权限能够继承自父目录。如果勾选复选框，但它们是灰色的，这意味着不能改变。这是因为它们是从其他地方继承的。如果单击了在权限设置框下的高级选项，则可以查看或者修改当前的设置，并且关闭来自父文件夹的继承权限。

　　在高级选框的权限栏，你将看到每个用户账户和安全组的目标权限。它们边上会显示权限等级，继承自哪里，以及什么样的权限等级被应用。在这个栏的底部有两个复选框。一个是选择是否允许目标继承其他的目录的权限。第二个是是否想要目标的子文件和文件夹继承目标的权限。

　　第二个需要注意的问题是，关于对于任何的许可设置和任何相关于用户的结果选择"拒绝"。"拒绝"的权限高于其他任何选项。例如，假设 Bob 同时是管理员和用户组的成员。如果管理员组拥有完全控制的权限，而用户组只有读的权限。此时，Bob 将拥有完全控制的权限，因为他将得到累积的所有权限。然而，如果你也添加 Bob 的个人用户账户并选择"拒绝"完全控制，该选择将超越他在管理员及用户组里的权限，Bob 将不能够对目标进行访问，或者执行其他的动作。

　　之前讨论过的高级选项里也有一栏叫做有效性许可。这个便利的工具使你进入任何的用户账户或者安全组，并且可以显示网络允许指定账户在指定目标上的权限。这个方法可以让你看到不同权限的结果，以及这个用户和组真正拥有的访问权限是什么。

　　应该尝试使用一个指定的文件夹，该文件夹包含个人的和机密的文件。这样可以容易地保护（或者恢复）这些数据，而不是从整个电脑里查询并保护分散在硬盘里的单独的文件。

警 告

　　对于使用 FAT 32 文件系统格式化的磁盘或者分区，将不能够提供保护文件或者文件夹安全的功能。为了使用已经讨论过的文件和文件夹权限的方法确保数据安全，必须使用 NTFS 文件系统。

Windows 服务

　　一个 Windows "服务"是一个在 Windows 后台运行的程序。它们不是显示在"开始"菜单、在屏幕底部、可以直接访问或者互动的程序。

通常情况下，Windows 服务提供了一些为操作系统、进程和其他程序需要的功能。

为了能够看到安装在电脑上的服务列表，无论它们当前是不是运行，需要进入服务控制台。可以通过下面的方式完成：进入"控制面板｜管理工具"，选择"服务"选项。

很多的服务列在那里，同时还有一些简单的描述。这些描述包括它们是什么样的服务、当前状态、启动设置和什么样的访问等级（如图 1.5 所示）。

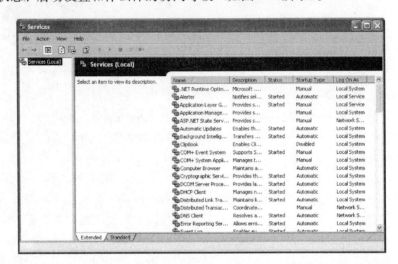

图 1.5 在"管理员工具组"选择"服务"选项打开 Windows 服务控制台

这些服务很多都是没有必要使用或者很少被使用。一些网站提供了如何设置每个标准的 Windows 服务的清单和建议，如 LabMice. net（http://labmice. techtarget. com/），TheElderGeek. Com（www. theeldergreek. com/services_ guide. htm）。为了我们的目标，这里仅仅介绍与系统安全直接相关的服务。

一般的，任何不是必需的服务都应该关闭，因为这些服务能够提供攻击者利用服务里的易攻击点或者安全漏洞的可能性，从而访问系统。

下面是应该关闭的 Windows 服务列表，因为这些服务提供给攻击者危及系统的路径，而同时又没有提供给大多数用户很有用的功能：

■ SSDP 识别服务。能够识别家庭网络上的 UPnP（Universal Plug and Play）设备。这个服务提供了一半的 UPnP 功能。一般的，这些 UPnP 功能没有实际意义，但是容易被攻击者利用。这个服务不影响 Windows 2000。

■ 通用插口和游戏设备接口。提供了通用接口和游戏设备的支持。这是另外一半的 UPnP 功能。这个服务不影响 Windows 2000。

■ 网络会议远程桌面共享。该功能可以使授权用户通过使用网络会议程序远程访问当地计算机。如果打算经常使用网络会议，那么就开启该功能；否则，该功能可以提供给攻击者访问系统的一个方式。

■ 远程注册。该功能可以使远程用户在本地计算机上修改注册表。除了很少的情况下，没有理由让别人能远程修改你的注册表。如果开启这个服务，就有可能出现这样的危险：一个没有授权的用户远程修改你的注册表设置。

■ 消息服务。该功能可以在客户端和服务器之间传递 Net Send 和 Alerter 服务消息。这个服务存在一些安全隐患：垃圾邮件发送器可以使用 Net Send 直接将垃圾消息传输到桌面，而不是通过你的 E-mail 信箱。

■ 因特网信息服务。在操作系统的安装过程中，因特网信息服务（IIS）不应该被默认安装。如果没有使用 IIS 当作 Web 站点的主机或者在当地电脑中开启 FTP 服务，就应该确信因特网信息服务没有被开启。这些，可以通过观察服务控制台中的设置来完成。IIS 被证明是有攻击缺陷的。例如，CodeRed 和 Nimda 病毒能够通过 IIS 传播。

如果在服务控制台右击了某项服务，就能够开始或者结束该服务。然而，使用这个技术停止一个服务将只是暂时地停止。下一次重新启动计算机、下一次另一个服务尝试去呼叫或者和这个服务互相影响，它就将重启。

禁止一个服务从而使得它不再重新启动，在服务控制台右击这个服务，然后选择"常规"标签。在常规栏的屏幕中部是一个名为"启动类型"的下拉框。这个下拉框提供 3 种选择：自动的、手动的和禁止的（如图 1.6 所示）。

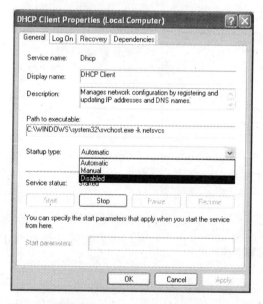

图 1.6　可以通过右击 Windows 服务控制台，然后选择"常规"选项禁止一个 Windows 服务

如果将服务设置为自动启动类型，将会在启动电脑和 Windows 操作系统启动的时候自动启动该服务。如果服务设置为手动启动类型，将只是在另外一个程序或者服务激活它们，或者如果右击服务和手动启动它们的时候才会启动。服务设置如果是禁止的，将不能够被启动。

为了确保操作系统的安全，以及保护系统不会被黑客轻易地进入访问，如果前面提到的服务还没有被设置为禁止，推荐设置为禁止。

隐藏文件扩展名

Microsoft 建立了隐藏已知文件扩展名的功能，这样用户不用每天被太多的技术材料所扰扰。图标是和文件类型相关联的，这些图标可以说明这是什么样的文件，这样就不需要被有关这些文件的技术行话困扰了，例如，EXE、VBS、DOC 或者 HTM 等。

不久前，病毒编写者和恶意程序开发者就找到了一种方法，该方法可以在文件名的末尾添加不止一种扩展名，并且最后的那个扩展名将会被隐藏。这样，一个类似 mynotes.txt 的文件可以被一个称为 mynotes.txt.vbs 的恶意可执行程序所取代。由于文件扩展名被隐藏了，它将仍旧显示 mynotes.txt。

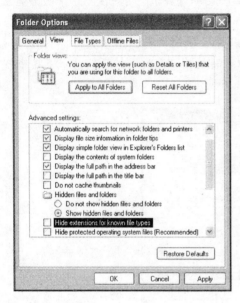

图 1.7 在 Windows 资源管理器单击菜单栏上的"工具"，然后选择"文件夹选项"，禁止在 Windows 里隐藏文件扩展名

这里有两件需要注意的事情：第一，一个观察仔细的用户将会发现只有恶意程序才会显示任何文件扩展名的这个事实。使用双重扩展名隐藏了真实的文件扩展名，但是还是会显示出一个文件扩展名，这种显示方式表明该文件有问题；第二，隐藏的文件扩展名只是在 Windows 资源管理器里才有效。如果通过 dir 命令在命令行窗口里浏览文件，将显示出完整的文件名，包括所有的文件扩展名。

即使记住这些知识，还是应该禁止这个功能，这样所有的文件扩展名将容易可见。禁止隐藏文件扩展名，进入 Windows 资源管理器（开始｜所有程序｜附件｜Windows 资源管理器），然后选择"工具"，然后选择"文件夹选项"。单击查看栏，然后取消选中"隐藏已知文件扩展名"复选框。所有隐藏的将展示出来，或者起码是计算机上的文件扩展名，如图 1.7 所示。

屏幕保护

屏幕保护被当作一种保护显示器的一种措施。这个技术早期使用在旧式显示器上。如果一个图片长久停留在屏幕上太长时间，图片就会被永久烧灼在屏幕上。在没有屏幕保护的情况下，如果走开吃个午餐，然后一个小时后回来，则当时正在操作的电子表将永久地成为显示器上的虚影图片。

为了避免上面的情况发生，很多公司开发出新的有创造性的屏幕保护程序。基本上，屏幕保护程序监听计算机的活动性，如果在一个事先定义的时间段里没有用户活动，屏幕保护程序将中断工作，开始发送旋涡图形、飞行的土司、游泳的鱼或者只是任何可以想象的随机活动在屏幕上的图像，来确保没有一个单一图片停留在屏幕上太长时间，以至于灼烧了屏幕。同时，所有的程序和文件，都将按当时留下它们的时候一样，继续运行在后台。

经过一段时间，显示器技术发展到了不必使用屏幕保护程序来保护显示器了。然而，屏幕保护程序扮演上一个新的、更重要的角色。现在，走开一小时去吃一顿午餐，要关心的事情已经不是电子表格将会灼烧到屏幕，而是任何经过的人能够看到电子表格的数据。更糟糕的是，任何经过的人可以坐在电脑前面来访问任何文件和文件夹，或者任何在其他电脑上的可以访问的文件，或者以你的名义发送 E-mail，或者做很多其他你能够做的事情。这些都是由于一个人从你的电脑顺便走过而带来的大的安全威胁。

庆幸的是，Windows 提供了一个选择，要求一个口令来解锁一个受屏幕保护程序保护的电脑。如果已经使用一个没有口令的用户账户，你将仍然看到一个消息框出现在屏幕上。它告诉你，你的系统已经被锁住了，然后需要一个口令来解锁。然而，任何人仍旧可以进入系统。如果没有设置口令，只需通过简单地按 Enter 键就可以进入系统。

为了在 Windows 上设置屏幕保护程序，可以右击屏幕上的任何地方，然后选择"属性"选项。单击"屏幕保护程序"标签，然后勾选"恢复时使用密码保护"选项。

也可以设置要求在自动启动屏幕保护程序前系统等待的时间。应该将这个时间设置得足够短来保护电脑和离开时留在电脑上的数据，但是也要足够长到屏幕保护程序不会在试图读 E-mail 的时候启动。如果时间太短了，它可能会成为一个讨厌的东西，而没有好处（如图 1.8 所示）。

图 1.8 打开 Windows 显示属性，右击"桌面"，然后选择"属性"选项

小结

本章介绍了一些关于如何使用和设置基本的 Windows XP 安全功能的知识。介绍了 Windows 如何控制访问系统，用户账户和安全组如何使用；也介绍了文件和文件夹安全，限制和保护系统。

此外，也介绍了关于 Windows 服务，如何禁止不想使用的服务的知识，以及隐藏文件扩展名的危险和它们会被如何使用来危及电脑。最后，讨论了屏幕保护程序并不只是一个在你离开的时候填充屏幕的花哨的玩具，它也可以用来当作系统的安全工具。

有了这些保护 Windows XP 操作系统的基本知识的武装，就可以继续本书的阅读，并且学习如何使用其他的应用程序得到更高的安全性。

其他资源

下面所列的资源提供了 Windows 安全的更多信息：

- *Description of the Guest Account in Windows XP*. Microsoft's Help and Support Web Page (http://support. microsoft. com/kb/300489/en-us)

- *How to Configure File Sharing in Windows XP*. Microsoft's Help and Support Web Page (http://support. microsoft. com/kb/304040/en-us)

- *How to Create and Configure User Accounts in Windows XP*. Microsoft's Help and Support Web Page (http://support. microsoft. com/kb/279783/en-us)

- *How to Use Convert. exe to Convert a Partition to the NTFS File System*. Microsoft's Help and Support Web Page (http://support. microsoft. com/kb/314097/en-us)

- *Limitations of the FAT 32 File System in Windows XP*. Microsoft's Help and Support Web Page (http://support. microsoft. com/kb/314463/en-us)

- *User Accounts That You Create During Setup Are Administrator Account Types*. Microsoft's Help and Support Web Page (http://support. microsoft. com/kb/293834/en-us)

第 2 章
口令

本章主要内容：

- 口令的功能
- 口令破解
- 存储口令
- 超强的口令

✓ 小结
✓ 其他资源

引言

对大多数家用计算机用户来说，口令是主要的安全手段。人们用口令进入银行账户、网上支付账单、对投资进行结算，甚至登录 Myspace.com 上的账号。

一个复杂的、有效的、能提供足够保护的口令是非常重要的，它们应该被妥善管理。本章介绍基本的口令知识。在阅读之后，你将了解如何选择一个强口令，如何从词组中创建口令、如何破解口令，以及如何在 BIOS 中创建口令。

口令的功能

口令是共享的秘密代码，用来告诉计算机或应用程序该用户是合法的，就像阿里巴巴的"芝麻开门"，或者孩子们进入附近俱乐部会所的秘密敲门信号。计算机口令允许用户证明他们是允许使用特定计算机、网站或者银行账户的。

口令应该是高强度的。想想如果有人盗取你的口令会发生什么事情。他们可以做以下的任何一件事：

- 查看你的个人文件，包括电子邮件和经济数据。
- 假扮成你，以你的身份发送电子邮件。
- 进入你的银行账户并进行交易。
- 获得可能提供其他有关的机密数据信息，如其他登录信息和口令。

你知道吗？

现金口令

2006 年 3 月出现了一种专门盗取魔兽世界（WoW）用户名和口令的特洛伊木马（P5W.Win32.WoW.x）。

WoW 是一个非常流行的网络冒险游戏，攻击者不仅仅试图盗取口令。WoW 中的虚拟金币数额无比巨大，使很多玩家不得不以真实货币买卖这些虚拟金币。

你可能没想到需要一个高强度的口令来保护账号，但是这样就可能威胁 WoW 账号安全，攻击者可以通过出卖你的账号中的虚拟金币和其他装备得到现金。

口令可以用于多种访问控制，包括计算机操作系统、不同的软件程序、公司网络，以及更多的情况。在生活的其他方面也有不同种类的口令，像银行 ATM 卡的 PIN 号，语音信箱的进入码等。还有打开车库门的口令，还能够列举更多。这些都是口令的不同形式。创建一个别人难以猜测的口令相当重要，这可以有效保护隐私。

设置口令的技巧是让每个口令都是惟一且新颖的，使非法入侵者无法猜到或知道这是什么，同时对于你来说又是可以记住的。如果忘记了口令，你也就失去了相应的权限。

一个广泛应用于各种认证和鉴别的技术的提供商——RSA 安全公司，在 2005 年进行了一次关于口令不安全程度的调查，以下是调查结果的一些重要结论：

- 调查显示 58% 的用户拥有的口令超过 6 个，接近一半的用户需要管理的口令超过13 个。
- 许多用户用不安全的方法保管口令。例如，将口令存储在 PDA 中、其他手持设备中（22% 的被调查者）或者写在书桌上的一张纸上（15% 的被调查者）。
- 当被问及是否应该用一个简单的、主要的口令就能解开大部分系统和程序时，98% 的受访者认为安全起见，应该多加一层保护。

该调查突出显示了一些至今困扰计算机安全的问题。用户被淹没在自己的用户名和口令中，很多人选择一些易记易猜的口令，因为这样的口令容易记忆。

很多用户也会采取其他手段记录用户名和口令——可能是贴在显示器上的便笺，也可能是抽屉里的草稿本，或者是随身携带的记事本。把口令记在一个常见的地方，这种做法可以使用户记忆口令更加轻松，但是同样为攻击者盗取口令提供了方便。

访问数据的钥匙

如果考虑到口令就像是打开计算机或是数据的钥匙，最好了解为什么简单的口令不如复杂的口令安全，为什么无论多复杂的口令最终都可能被破解。

尽管如果房子、车子、工作台、健身房都能用同一把钥匙打开，这将给生活带来极大的便利，但是一旦钥匙落入他人之手，他们同样可以打开所有的锁。

对口令来说也是同样的道理。一个购买打印机墨盒的网上商店也许不像银行那样严密地保护客户数据。一些程序或网站可能并不安全，你也不会知道口令是以加密的方式保存在一个安全的地方，还是仅仅以明文的形式存储在一个 Excel 电子数据表中。

工具和陷阱

简明口令安全注意事项

在学院和大学中广泛留传的一个比喻是：把口令比作内衣。这是一个安全意识。口令与内衣有很多相似之处，如必须

- 经常更换（特别是要求更换的时候）
- 只能自己使用
- 隐藏它们不为人所见
- 不与朋友们分享
- 不随处乱放

如果攻击者通过破解出售墨盒商店的客户数据库，从而获得你的口令，他们就可以浏览你在网上商店中的信息和购物历史。购物历史可能暴露你的银行用户名。攻击者可以反复登录银行网站并尝试用相同的口令登录。现在他们可以动用你所有的钱。他们可以看到你最近的交易。这可能给他们提供一些线索，如你的网络服务商、手机运营商、为你管理投资的经纪人等。如果你在所有地方都使用同一个口令，攻击者在一个地方获取口令，就等于拥有了你的整个王国的钥匙。

对于口令的差异，可以稍微变通一下。你可以在所有不涉及机密或敏感信息的站点和程序上使用同一个口令。你的机密信息包括银行账户、信用卡号或社会保险号。网上获取高尔夫消息的账户也许也不需要特别高强度的口令。即使泄露了一个进入此类网站或程序的口令，也不会是世界末日。

但是，有关个人的、机密的或者经济的信息，一些站点中数据库存储着这些个人资料信息。此时，你都应该予以足够重视，并且花时间给每个单独设置一个惟一的口令。

选择强口令

既然如此，我们应该如何是好？你甚至无法记住昨天晚上吃了什么，或者孩子的足球训练时间。既然如此，应该如何记住口令呢？

首先，大部分用户试图使用一个熟悉的单词作为口令。许多用户用自己的名字、孩子的名字或者宠物的名字。

将口令与钥匙做一个对比，如果你的口令就像钥匙一样用来打开你的计算机，那么选择一个基于能被轻易获取的个人信息作为口令的行为，就像锁上门，然后把钥匙放在门前的擦鞋垫下一样。尽管聊胜于无，但是相差无几。通过简单地研究或者仅仅是在咖啡馆中的对话，攻击者就可以轻易获得个人信息，如配偶名字、孩子名字、出生日期，甚至更多。

所以选择一个高强度的口令非常重要。怎样的口令是高强度的？长度是其中一个因素，另一个因素是使用不同类型的字符。口令通常是大小写敏感的，所以 password 和 Password 是不同的。当然，首字母大写也常常是攻击者猜测口令的第一件事，所以使用诸如"pasSword"或者"pasSwoRd"的口令强度会更高。

当在 Windows XP 中创建一个口令时，系统会要求输入一个单词或词组（如图 2.1 所示）作为口令提示。如果不记得口令，Windows XP 会显示提示，试图让你回忆起来。单击"控制面板｜用户账户｜更改账户"，然后选择一个账户，并且单击"更改我的密码"按钮来创建一个新的 Windows XP 口令（如图 2.1 所示）。

除了避免使用个人数据或信息作为口令外，还应该避免使用所有字典中的单词。一个技巧是用看上去与字母相似的数字或特殊字符替换字母。在黑客的行话中，"elite"常常变成"l33t"，"hacker"则是"h4x0r"。用这种方法，仍然可以选择一个容易记忆的口令，但是把它用多种字符形式的创新方式写下来，猜测和破解的难度就大了很多。

还可以选择一个词组或句子，然后取首字母缩写词作为口令。例如，记住"My birthday is on June 16"是相当轻松的。现在可以用"mbioj16"而不是整个句子作为口令，还可以用刚才讨论的方法用更混杂的形式替换字符，这样就变成了一个与"mbi0j16"类似的口令。这样做的好处就是，能够使口令更安全，更难被猜测或破解。但是比起随机选择多种字符的组合又更容易记忆。

如果不确定如何将正常的字符转化为看起来相似的字符，可以使用像 L33t-5p34K G3n3r@t0r 这样的工具。在 Google 上稍微搜索一下就可以在很多网址上找到。也可以访问 www.transl8it.com，在该网站上能够找到另外的工具，但是转换的效果不如 L33t-5p34K G3n3r@t0r。

如果找不到一个很好的词组或口令，也可以使用 winguides.com 网站

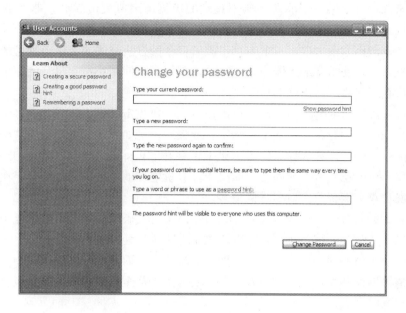

图 2.1　在 Windows XP 中创建一个新口令

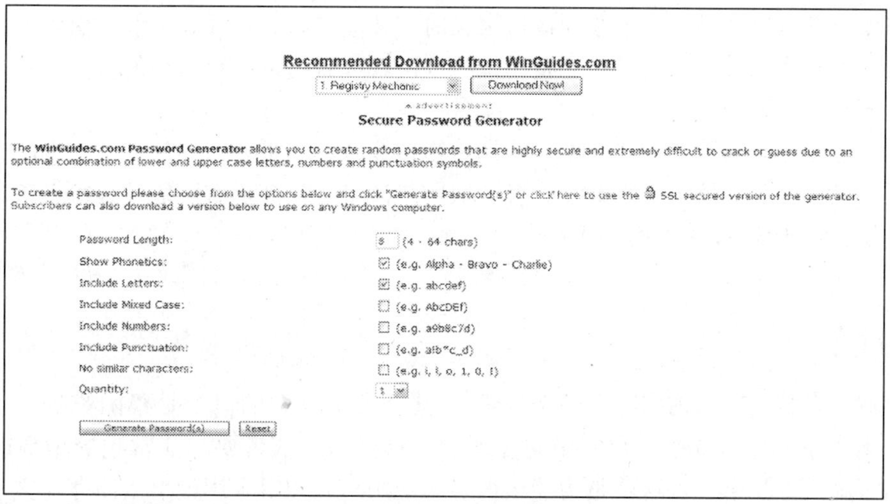

图 2.2　安全口令生成器软件界面

（www. winguides. com/security/password. php）上的安全口令生成器软件（Secure Password Generator）。该软件（如图 2.2 所示）允许选择口令长度，是否使用大写字母、数字、标点符号，以及是否允许重复字符。如果担心 winguides. com 知道口令，也可以要求该软件一次创建 50 个口令，然后从列表中选择一个喜欢的。

口令破解

　　口令破解工具用 3 种方法试图破解口令。最简单的也是最快的方法称为字典攻击法，该方法假设口令是一个能在字典中找到的单词。字典攻击尝试字典中的每一个单词，直到找到与被入侵的用户名对应的正确的口令。

第二种方法称为蛮力攻击。蛮力攻击破解口令的方法是逐个尝试每种可能的组合顺序，直到找到正确的组合进入账户。蛮力攻击破解尝试使用小写字母、大写字母、数字和特殊字符直到"碰到"正确的口令。

第三种方法称为混合攻击。混合攻击结合了字典攻击和蛮力攻击。许多用户会选择一个字典存在的单词并在其后加上特殊字符或数字。例如，他们可能会用"password1"而不是"password"作为口令。由于字典中不存在"password1"，字典攻击将会失效。但是暴力攻击可能花费数天时间——取决于计算机处理的速度。通过结合字典攻击和蛮力攻击，混合攻击破解此类口令将快很多。

只要有足够的时间和资源，没有什么口令是不可攻破的。一些口令恢复工具可能会成功，而另一些却会失败，还有很多则取决于计算机的处理能力。

与家门或车门的锁一样，口令只是使之更难进入，而非不可破解。一个专业的小偷可能在几分钟内撬开锁，但是一般人就会为之所阻，甚至一般水平的小偷也会对更加复杂的锁望洋兴叹。

我们的目标不是创建一个不可破解的口令，这也是相当不错的结果。我们的目标是创建一个对你而言容易记住的，但是一般人，即使其了解你生活的一些细节，也无法猜到的口令，并且口令破解工具必须运行很长时间才能破解。这样，一般的黑客就无计可施。然而，一个足够熟练的黑客还是可以找到破解或者接近破解口令的方法，这也是必须使用不止一种安全机制的原因之一。

除了使用一个高强度的口令外，定期更换口令也相当重要。即使做了所有能做的去保护口令，通过服务器的安全漏洞或者截取网络流量，口令仍有可能被截取或破解。我个人建议：至少应 30 天更换一次口令。

存储口令

显然，在特定时间内同时记住 70，20，甚至 5 个不同的口令是很困难的。当不同的网址和程序限定了口令必须使用的长度和字符类型，或者要求非常频繁地更改口令时，情况就更加复杂了。这就是为什么很多人把用户名和口令用记事本保存在文本文件（.txt）或者用 Excel 保存在电子数据表文件（.xls）中的原因。

安全专家花很大力气告诫人们不要把口令写在纸上或保存在计算机的文件里，但努力大多付诸东流。所以，如果当你发现记不住所用口令的时候，至少应该试着把它们保存在尽可能安全的地方。为了达到这样的目标，建议使用像 Password Safe（http://passwordsafe.sourceforge.net/）或者 Roboform（www.roboform.com/）之类的免费软件，它们可以帮助更安全地保护口令。Password Safe 是一个开源的口令管理工具（如图 2.3 所示），可以从 Sourceforge.net 免费获取。

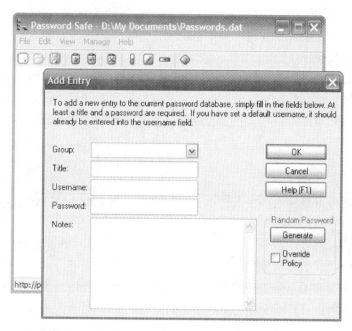

图 2.3　在 Password Safe 软件中安全存储口令

超强的口令

想从计算机启动的时候就开始保护计算机吗？通过在 BIOS 中设置口令，就可以保护整个计算机的口令安全。什么是 BIOS？如 Windows XP 操作系统一样，操作系统允许不同的软件和应用程序工作在计算机上。BIOS，或者说是基本输入输出系统，是主板的大脑。它负责控制计算机内部工作。BIOS 一般包含在主板的芯片中。

工具和陷阱

Cane & Abel 版本 2.5

使用免费的口令破解软件，称作 Cane & Abel 版本 2.5，在 CPU 为 AMD 2500＋，512MB 内存的计算机中，能够在不同的时间段中破解不同的口令。如表 2.1 所示。

表 2.1　使用 Cane & Abel 版本 2.5 破解口令

口令	攻击方式	时间
john	字典攻击	＜1min
john4376	字典攻击 蛮力攻击	攻击失效 ＞12h
j0hN4376％$$	字典攻击 蛮力攻击	攻击失效 攻击失效

　　一旦设置了 BIOS 口令，对第一次输入错误口令的人来说，计算机是完全没有用的。他们甚至不能开始猜测或破解操作系统或文件口令。因为没有 BIOS 口令，计算机甚至不能开始装载操作系统。

　　在计算机启动的时候，一般按 F1 或 Del 键设置 BIOS。对于其他的按键功能，各个计算机互不相同。计算机第一次开始启动的时候，你会看到一个信息说明按哪个键进入设置界面。要想知道进入 BIOS 和设置的相关细节，请查看计算机用户手册。

小结

　　口令是保护数据最基本的工具。本章介绍了口令的重要地位，以及口令泄露可能导致的严重后果。

　　为避免攻击者猜到或破解口令，我们学习了如何创建一个更高强度、更复杂的口令，如何用词组生成更复杂但是仍然可以记住的口令。

　　最后，记住所有的口令太困难了，本章涵盖了一些可能用到的安全存储和跟踪口令的工具，以及如何设置 BIOS 口令保护计算机安全。

其他资源

　　下列资料提供了关于口令和口令管理的更多信息：

- Bradley, Tony. Creating Secure Passwords. About. com（http://netsecurity. about. com/cs/generalsecurity/a/aa112103b. htm）

- *Creating Strong Passwords*. Microsoft Windows XP Professional Product Documentation （www. microsoft. com/resources/documentation/windows/xp/all/proddocs/en-us/windows_password_tips. mspx?mfr＝true）

- *RSA Security Survey Reveals Multiple Passwords Creating Security Risks and End User Frustration*. RSA Security, Inc. Press Release. September 27, 2005 （www. rsasecurity. com/press_release. asp?doc_id＝6095）

- *Strong Passwords*. Microsoft Windows Server TechCenter. January 21, 2005 （http:// technet2. microsoft. com/WindowsServer/en/Library/d406b824-857c-4c2a-8de2-9b7ecbfa6e511033. mspx?mfr＝true）

- *To Manage Passwords Stored on the Computer*　Microsoft Windows XP Professional Product Documentation （www. microsoft. com/resources/documentation/windows/xp/all/proddocs/enus/usercpl_manage_passwords. mspx?mfr＝true）

第 3 章
病毒、蠕虫和其他恶意程序

本章主要内容：

- 恶意软件术语
- 恶意软件的历史

√ 小结
√ 其他资源

引言

有超过 20 万个理由让你学习本章的内容。安全和反病毒软件开发商，McAfee 最近宣布已经定义并能够防御超过 20 万种威胁。该公司过去曾经用了 18 年的时间，才将病毒数目积累到 10 万个，但在最近 2 年内，这个数目就已经翻番了。幸运地是，对计算机用户来说，现在 McAfee 病毒定义的速度慢了不少。

病毒与垃圾邮件一样，都是最为知名的计算机威胁。一些声名狼籍的病毒，如 Slammer、Nimda、Mydoom 甚至上了报纸的头条。所以对所有人来说，计算机病毒都应该是极力避免的。本章将介绍如何避免这些病毒。本章将介绍以下内容：

- 常见的恶意软件术语
- 恶意软件的威胁
- 如何安装和配置反病毒软件
- 如何持续更新反病毒软件
- 如何不感染病毒
- 如果感染了病毒，如何应对

恶意软件术语

病毒和蠕虫是两种广为人知的恶意软件。许多威胁把多种恶意软件的元素结合在一起，这样的混合威胁无法将这种恶意软件划归为单独的某一类。所谓 malware，全称 malicious software，指所有的恶意威胁，包括病毒、蠕虫和其他更多的威胁。恶意软件构成了对计算机用户最大的安全威胁。很难将病毒和特洛伊木马进行区分。但是以下的解释有助于理解：

- **病毒**　病毒是复制自身的一段恶意代码。现在每天都能发现新的病毒。一些病毒只是简单地复制自己。另外一些可以完成一些严重的破坏（如删除文件），甚至使计算机无法运行。
- **蠕虫**　蠕虫与病毒极为相似。它们像病毒一样复制自己，但不像病毒那样更改文件。一个主要区别就是蠕虫长驻内存，并且通常不为人所知。只有当复制的速度减少系统资源到了一定程度，人们才意识到它的存在。
- **特洛伊木马**　特洛伊木马得名于古希腊神话中特洛伊木马的故事。这是一种伪装成正常程序的恶意软件。木马程序不像病毒那样复制自己，但是可以像病毒那样随邮件附件传播。
- **Rootkit**　Rootkit 是黑客用来保持能够继续访问已破解系统的一组工具。Rootkit 工具允许它们查找用户名和口令、攻击远程主机、隐藏文件和进程来隐蔽动作、从系统日志中删除活动记录，以及其他一些恶意的、隐蔽的工具。
- **bot/僵尸**　bot 是一种允许攻击者获得被感染计算机完全控制权的恶意程序。感染 bot 的计算机通常被称为僵尸。

恶意软件的历史

每年新出现的恶意软件数目似乎都是一个新纪录。被恶意软件感染的计算机数目也屡创新高。2003 年不仅是恶意软件创纪录的一年，同时也是计算机病毒出现 20 周年的纪念。

1983 年，本科毕业生 Fred Cohem 在他的论文中首次用"病毒"描述通过自身复制、感染其他计算机且传播的一类程序。在接下来的 15 年中，新的病毒层出不穷。然而直到 1999 年，Mellssa 病毒席卷互联网之后，病毒才开始广为人知。

从那时起，大量破坏力巨大的病毒和蠕虫在世界范围内快速传播。直到今天，人们对 Code Red、Nimda、Slammer 和 Mydoom 仍然记忆犹新。新的恶意软件数目和在互联网上传播的速度与日俱增。

Brain 病毒是第一种能够感染个人计算机的病毒。它出现于 1986 年，那时候公众大都不知道什么是互联网且万维网尚未发明。它只能通过感染在用户间传递的软盘传播到其他计算机上，因此影响力不大。与之相比，像 SQL Slammer 通过互联网能够传播到相连的数百万计算机的病毒，可以在 30min 内感染成百上千台计算机，并且使互联网瘫痪。

你知道吗?

SQL Slammer

2003 年 1 月，SQL Slammer 以疯狂的速度席卷整个世界。尽管早在 6 个月前，系统的漏洞就已经公布，SQL Slammer 仍然在 10min 内感染了超过75 000台的计算机。

SQL Slammer 复制并反复寻找其他易攻击的计算机，所造成的网络流量造成了互联网的瘫痪。不计其数的路由器和服务器甚至到了无法通信的程度。

SQL Slammer 某种程度上甚至影响了个人银行业务的开展。ATM 机需要网络通信来处理交易。由于 SQL Slammer 的影响，网络变得不可用，某些银行的 ATM 系统几近关闭。

目前，新的威胁层出不穷，并且飞速传播。互联网的爆炸式发展和宽带网络服务时代的到来，意味着任何时刻都将有数百万计算机与互联网高速连接。你有责任保证你的计算机不受感染，并且不会把恶意软件传播到其他与你相连的计算机上。如果要长期保证系统安全，保护自己，在病毒感染你的计算机之前安装反病毒软件、检测并清除掉这些威胁，将减少不少麻烦，使之更加轻松。

用反病毒软件保护自己

术语"反病毒"的用词不是很恰当。反病毒软件包含多种安全组件。根据厂商的不同，反病毒软件可能包括反间谍软件工具、垃圾邮件过滤工具、个人防火墙，以及更多其他组件。事实上，近来主要的安全厂商，如 McAfee、Trend Micro 已经定义他们的产品为安全套装，而不是单一反病毒软件。

一般来说，反病毒软件检测病毒、蠕虫、特洛伊木马、后门，以及混合了各种威胁不同部分的威胁，保护用户免受其害。一些反病毒软件也能够堵住一些欺骗的或愚人节电子邮件、间谍程序和程序漏洞。如图 3.1 所示，Trend Micro PC-cillin 就包括对多种威胁的扫描。应该花点时间了解反病毒软件能在哪些方面进行保护，在哪些方面不能。

图 3.1　Trend Micro PC-cillin 互联网安全软件

大部分反病毒软件都包含 3 种基本扫描类型：实时、手动和启发式。实时扫描是病毒防御的主要屏障，能够保持系统在进入互联网或网上冲浪的时候干净无毒。这是使用计算机时在后台自动运行的一种扫描。实时扫描一般对所有流入的网络流量进入进行恶意代码特征的扫描，也包括对所有接收的邮件及其附件的扫描。像 McAfee VirusScan 这样的反病毒软件（如图 3.2 所示），还能扫描即时通信和聊天会话，以及由此而来的附件。通常也可以对出站信息进行扫描，以去除来自自己计算机的恶意代码。

手动扫描是指在计算机上的本地扫描，检查计算机上存在的所有文件并保证没有文件被感染。当感觉有可疑软件进入计算机的时候，可以采用手动扫描。手动扫描也同样可以周期性地运行，以保证没有恶意软件穿过实时扫描。一个被感染的文件可能在反病毒软件更新病毒库识别之前就进入计算机。执行手动扫描可以确认并解除这种威胁。

如 Trend Micro PC-cillin 这样的网络安全套装产品，允许选择扫描的灵敏度（如图 3.3 所示）。可以选择扫描所有文件，或者只扫描 Trend Micro 推荐的文件类型。这种扫描只对最可能感染恶意软件的文件类型进行扫描。除此之外，也可以设置如何处理发现的病毒，包括清除病毒、删除文件等。

大多数反病毒产品允许设定一个自动扫描的时刻表。可以设定每周至少进行一次扫描，最好在深夜或其他不使用计算机的时候。扫描整个系统通常要消耗很多系统资源，所以执行扫描时，计算机将变得难以使用。

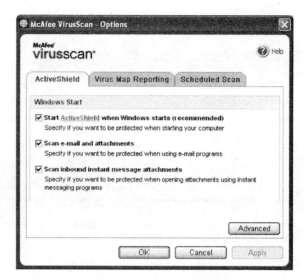

图 3.2　McAfee VirusScan 防病毒软件的选项

图 3.3　为 Trend Micro PC-cillin Internet Security 2006
进行手动扫描配置

　　第三种方式通常称为启发式检测。标准的恶意软件扫描依赖定义了已知威胁的特征文件。只有当发现一个威胁并定义了惟一特性后，标准的恶意软件扫描才能检测到这种新的威胁。启发式检测并不针对特定的恶意威胁。它利用典型恶意软件的一般特征来确认可疑的网络或电子邮件行为。基于之前已知的关于威胁的特征，启发式检测尝试检测近似的特征来确定可能的威胁。

不断更新反病毒软件

　　所以，在阅读完所有这些后，应该清楚感染上病毒、蠕虫和其他的恶意软件都不是什么好事。花一些钱安装一些反病毒软件保护计算机应该是物有所值。很好！现在是不是可以合上书，完成我们的学习了？很不幸，不行。

工具和陷阱

购买反病毒软件

保护计算机的花销并不是很大。一般来说，反病毒软件和个人计算机安全套装是能够负担得起的。

在大多数情况下，这并不是一锤子买卖。大多数反病毒软件厂商，如 Symantec 或者 McAfee 都是需要购买的系统。用户必须每年续费以获得升级的权利。

购买来自著名厂商的产品当然大有好处。但是如果预算紧张，也可以选择替代品，如 AntiVir(www.free-av.com)这样的产品对个人用户就是免费的。

新的威胁层出不穷。保护计算机或网络安全需要随着攻击方法和技术的改进而提高。每周大约会发现 5~20 种新的恶意软件威胁。如果今天安装了反病毒软件然后什么也不做，那么计算机在数周之内就可能被多种新的恶意软件所威胁。

以前大多数情况下，每周更新一次病毒库是可行的。但是正如此前所见，在官方定义了病毒概念到影响 Microsoft 系统的 5 种病毒出现，足足隔了 3 年时间。5 年后，Code Red 在一天之内肆虐整个互联网，感染了超过 20 万台的计算机。又过了 2 年，SQL Slammer 在 30min 内席卷网络，随之整个互联网瘫痪了。新威胁的频度和力度年复一年呈指数增长。越多的用户接入高速宽带网络，并且他们的计算机时时刻刻都连接在网络上，新恶意软件传播的威胁也就越大。

因此，建议每天更新反病毒软件。努力记住，或者在日历上做个记录，来提醒每天访问反病毒软件厂商的网站，看是否有更新发布。如果有，下载并安装它。我确信，在更新防病毒软件这段时间里，你能找到事情做。反病毒软件可以配置为每天规定时间自动检查厂商网站是否有更新。检查反病毒软件关于如何配置自动更新的说明。记住计算机必须开机且连接到互联网，这样软件就能连接到厂商主页且下载更新。然后，选择一个计算机联网的时间来更新反病毒软件。

如何不被感染

运行最新的反病毒软件非常棒，可是还有对病毒、蠕虫和其他恶意软件更好的防御手段。一个简单的常识绝对是所有计算机威胁最好的防御。

收到一封题为 "re: your mortgage loan"，但是并不认识发件人，而且首先知道从来没有发送过一则题为 "your mortgage loan" 的消息的时候，这肯定是垃圾邮件，甚至很可能携带了某些恶意软件。压制住好奇心。别打开自寻烦恼，删了它。

如果遵循第 1 章的建议，用户账户不应该赋予管理员权限。如果在使用用户账户时，没有安装软件或改变系统配置的权限，那么大部分恶意软件就无法感染系统。

还应该避免访问可疑的网站。网络上充斥着数百万网页，它们中的绝大多数都没问题。无论想查什么，总是可以在一个可信的站点上找到想要的。然而一旦冒险访问了黑网站，你在不知不觉中就中招了。

　　另一个常识是关于文件共享的。很多在点对点文件共享网络中，如 Bit Torrent，找到的文件和程序包含木马或者其他恶意程序。对于来自可疑源的可执行文件，要打起十足的精神。在执行之前，应该用反病毒软件扫描。

　　你可能在冲浪、使用电子邮件、共享网络资源或者打开 Microsoft 文件时感染上恶意软件。想想看，在计算机上所使用的所有东西都可能使你暴露在一种甚至多种威胁之下，这是多么令人害怕啊。不过，一些常识和对于病毒的警惕，将保证你的计算机安全。

你觉得被感染了吗？

　　系统运行得很奇怪吗？你是否曾经注意到，一些本来不是放文件的地方出现了文件？或者一些文件突然消失吗？系统是不是好像比以前慢？硬盘是不是总是不停地工作，即使你什么也没运行？系统是不是会突然崩溃？

　　这些都是系统可能被某些恶意软件感染的征兆。如果怀疑系统感染了病毒，应该运行一次反病毒软件的手动扫描。首先，保证反病毒软件病毒库是最新的，然后启动手动扫描。

　　如果手动扫描检测并移除了问题，那么万事大吉。但是如果没有呢？如果反病毒软件只是检测到了威胁但是无法删除呢？或者反病毒软件认为系统是干净的，不过你仍然觉得有病毒呢？那么可以做更深入地检查以便确认。

　　反病毒和安全软件厂商通常会免费提供一些单独的工具，以检测并删除某些危害特别严重的威胁（如图 3.4 所示）。Microsoft 近来也涉足反病毒和其他安全领域，提供了一个恶意软件移除工具。这个工具每月更新、检测并删除一些普遍存在和顽固的恶意威胁。

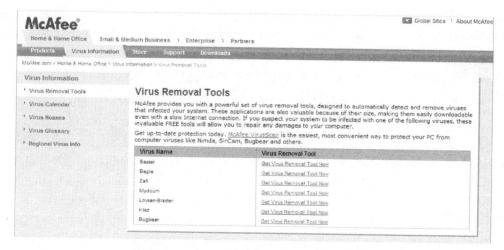

图 3.4　McAfee 的免费软件，用于清除病毒

　　一些恶意软件能够禁用或删除反病毒软件和其他安全软件，以避免被检测或删除。如果系统感染上了这种威胁，反病毒软件就不起作用了。

　　可以找单独的工具，如刚才提到的，不过备用方案应该是用另一种不同的反病毒软件扫描系统。当然，很可能没有额外的反病毒软件以备不时之需。谢天谢地，Trend Micro 提供了名为 HouseCall 的免费线上扫描（如图 3.5 所示）。如果实在不行，就利用这项服务清理系统。

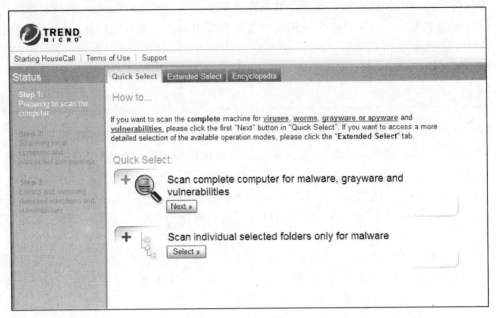

图 3.5 Trend Micro 提供的 HouseCall 软件界面

小结

这是很重要的一章。病毒、蠕虫和其他恶意软件持续威胁计算机安全，并且是很多安全问题和系统崩溃的原因。恶意软件本身可以就可以写一本书。事实上，的确有很多整本讨论这个主题的书。本章的目标并不是把读者变成反病毒或恶意软件的专家，而是介绍一些必需的知识，指导读者安全地使用计算机执行日常任务。

本章解释了不同类型的恶意软件，哪些地方不同，以及对恶意软件的一个简短回顾。之后讲述了如何使用反病毒软件保护计算机，如何合理配置且保持更新。

我们还学习了一些常识，它们能使读者不成为恶意软件的受害者。如果不幸感染了病毒，本章还指导如何清理系统。

其他资源

下列资料提供了关于病毒、蠕虫和其他恶意程序的更多信息：

■ *Experts worry after worm hits ATMs*. MSNBC. com. December 9，2003 （www. msnbc. msn. com/id/3675891/）

■ *HouseCall*. Trend Micro Incorporated's Products Web Page （http：//housecall. trendmicro. com/）

■ *Malicious Software Removal Tool*. Microsoft's Security Web Page，January 11，

2005（www. microsoft. com/security/malwareremove/default. mspx）

- *W32/CodeRed. a. worm*. McAfee，Inc. 's AVERT Labs Threat Library
  （http：//vil. nai. com/vil/content/v_99142. htm）

- *W32/Mydoom@MM*. McAfee，Inc. 's AVERT Labs Threat Library
  （http：//vil. nai. com/vil/content/v_100983. htm）

- *W32/Nimda. gen@MM*. McAfee，Inc. 's AVERT Labs Threat Library
  （http：//vil. nai. com/vil/content/v_99209. htm）

- *W32/SQLSlammer. worm*. McAfee，Inc. 's AVERT Labs Threat Library
  （http：//vil. nai. com/vil/content/v_99992. htm）

- *Virus Removal Tools*. McAfee，Inc. 's Virus Information Web Page
  （http：//us. mcafee. com/virusInfo/default. asp?id＝vrt）

第 4 章
补丁

本章主要内容：

■ 补丁术语

■ 我为什么要打补丁？

■ 我怎么知道去修补什么呢？

√ 小结

√ 其他资源

引言

当电脑需要维护的时候，更像是汽车而不是面包机。面包机可以不需要过分留意，但是汽车需要更换油、更换新的轮胎、日常的维护等，保持汽车正常行驶。

本章内容包括需要理解修补和升级的信息，需要维护电脑和保护不被攻击。本章将介绍：

- 用来描述补丁和升级的术语
- 为什么要修补系统
- 如何了解需要安装什么样的补丁
- 使用 Automatic Updates 和 Microsoft Update 网站
- 使用系统恢复

补丁术语

当牛仔裤穿出一个洞的时候，我会去商店买一条新的。然而，在我从小长大的过程中，并不是每次裤子上的一个洞都能够保证买一条新裤子。大多数情况下，我的妈妈仅仅是拿一块补丁去修补这个洞，很快，有洞的牛仔裤就像新的一样好。

电脑软件用几乎可以一样的方式来修补。在软件的更新版本的说明书中，软件出版商会发布补丁去修理被损坏的部分。他们做的不是要给你一条新牛仔裤，而是准备了一个补丁，你只是不得不安装这些补丁。

软件里有不同种类的补丁程序，有一些是比较大的补丁，而其他的比较小，这可以表明它们的不同。不要担心学习这些知识，仅仅用下面这个列表作为一个参考。在安装补丁之前，应该阅读了解其功能。

背景注释

各种补丁

补丁的来源是多样的。虽然你不知道一些补丁的功能，但是可能听说过，为修补不同的系统缺陷和漏洞的小软件的名字。在为网络或者电脑上的缺陷寻找补丁程序的时候，下面的列表将会有所帮助。

- **Patch** 它用来修补一些小的系统缺陷，并且可以迅速下载和安装。
- **Rollup** 它可能为一个程序包含一组补丁。
- **Update** 升级可能添加或者修补一个已经在你的程序里，或者修补一个前期的补丁。
- **Cumulative Patch** 一个积累的补丁常常为了一个应用，包括了所有先前发布的补丁。
- **Service Pack** 这是一个大文件包。当 Microsoft 通过新闻渠道发布一个大的服务包时，你就会得到该信息。一般来说，服务包是很大的，常常包含很多各种各样的补丁和文件。

我为什么要打补丁?

Microsoft 每月就会发布一次新的安全报告,用来识别新的漏洞,并且保护下载必须的补丁的链接。在电脑里常常有一些弱点,该弱点会导致电脑被攻击者远程控制,使攻击者或者能够访问私人文件和信息、通过电脑传播病毒或者大规模散布垃圾电子邮件。通常 Microsoft 认为这些安全报告很关键,因为 Microsoft 专家认为,用补丁去保护电脑系统是十分紧急的。

如果电脑看起来工作正常,可能想知道"为什么要多此一举地安装补丁程序?"。很简单,应该应将这些补丁当作一种疫苗,这种疫苗能够保护电脑,让电脑保持顺畅的运行。很多病毒、蠕虫和其他恶意软件能够利用系统的缺陷和弱点,在系统里来做肮脏的工作。系统可能现在看起来正常,但是如果不应用补丁程序,就可能给恶意软件和攻击者的进入打开了后门。

例如,The SQL Slammer worm(一种在第3章讨论过的病毒),能够在最多30min内传播到整个世界,而且可以利用一个漏洞使因特网瘫痪。6个月前,有一个可用的补丁程序能够修补这个漏洞。假如用户和网络管理员更加主动地使用这个补丁,SQL Slammer 就可能悄无声息的结束了。

一些补丁可能只针对一种特殊服务,或者只有少数的用户使用,这些补丁程序对个人也许不是紧迫的,也许会认为没有必要安装。然而,一些缺陷可能使电脑暴露给攻击者,它能够使攻击者远程控制电脑系统,使攻击者们安装软件、删除文件、用你的名字发电子邮件、查看个人和机密数据等。很明显,安装一个用于修补这种漏洞的补丁比第一种要更加紧急。

与很多具有传播病毒和蠕虫的漏洞相比,用于修补那些具有远程控制功能漏洞的补丁更为重要。因为,攻击者可以利用这些漏洞,从另外一个系统,而不需要亲自坐到你的电脑前来实施攻击。

这些漏洞为恶意软件的作者提供一种相对简单的攻击方法。目前,可以被利用的系统漏洞或病毒蠕虫的一经发现,很快就会有相应的补丁程序在因特网上发布。

我怎么知道去修补什么呢?

经常情况下,在每周之内会有超过 50 种新的漏洞被发现或者宣布。其中一些漏洞将会影响使用的产品;而其中的绝大多数将只是影响其他产品或者技术,而不会对你产生影响。

如此多的漏洞,如何才能够做到及时发现并修补呢? 除此之外,如何才能评判这些影响系统的漏洞,判断哪些漏洞影响不大,哪些漏洞是急迫需要修复的?

工具和陷阱

与系统弱点保持同步

许多的资源能够帮助了解被发现的漏洞和最近的补丁。可以订阅电子邮件，获得如 Security Focus's Bugtraq（一个讨论已知软件安全性漏洞的邮件列表）的资源列表。Bugtraq 实际上提供一种很广的邮件列表，介绍各种跟技术和信息安全有关的知识。

也可以订阅 Secunia's mailing 列表得到相似的漏洞信息。这种方法的问题是，一般在这些解决方法中，列表提供的信息过多，比普通用户实际需要的多，有些甚至让用户难以理解。

无论怎样，可以缩小列表的范围，接收尽可能有用的产品的信息。
- www.securityfocus. com/archive/1
- http://secunia. com/advisories/

使用的每个软件都是产生漏洞的潜在根源，这个漏洞可能会危及系统的安全。然而，越是普遍被使用的程序，越会成为更大的目标，其中的漏洞越可能被一些恶意软件利用。通过该漏洞，攻击者可以实施自动或者手动攻击。有时，可能还使用了一些不是很著名的程序，依然要注意卖方是否提供了邮件列表，这些邮件列表中含有升级、补丁或者漏洞警告的消息。

对 Windows 操作系统的用户来说，Microsoft 提供了两种途径，告知最新的漏洞及修补该漏洞必要的补丁程序。一种是被动的，自动检查和下载任何新的补丁；另一种则需要用户主动参与。

你知道吗?

你背上的靶心

当玩飞镖的时候，目标就是集中在轮盘中间的靶心。很明显，10 英尺的大靶心比 1 英寸的小靶心更容易命中。相同的逻辑对要使用漏洞的攻击者来说同样适用。

因为 Microsoft 的 Windows 垄断了个人电脑操作系统的市场，所以就成了很大的目标。因为 Microsoft 的 Internet Explorer 垄断了浏览器市场，所以成了一个很大的目标。攻击者们可能找到 Opera 浏览器的漏洞，但是要找到 1% 的使用 Opera 浏览器的电脑，比找到 85% 的使用 IE 浏览器的电脑要更加困难。

确实，有一些产品比 Microsoft 的产品更加安全，也更不轻易会被攻击。但是，一旦一个产品拥有足够的市场份额，就会被注意，也将变成一个目标。一般来说，事实上 Apple Mac 被认为是不可渗透的。但是，随着 Mac OS X 操作系统的流行，它已经成为一个频繁被攻击的目标。

准确地说，可以选择想要的 Windows 自动升级的特征。可以选择当存在任何升级内容时，在自动下载之前提示；可以配置"自动升级"，自动下载任何升级内容，并在安装的时候提醒你；也可以通过配置，按照选择的时间表来下载和安装升级补丁。

为了让 Windows XP 中的"自动升级"功能发挥作用，单击"控制面板"中的"系统"，然后选择"自动更新"标签（若为 Windows 2000，在"控制面板"里单击"自动更新"）。

"自动更新"标签提供 4 个单选按钮去选择如何配置。如果电脑整夜开着，当睡觉的时候，就选择自动下载和安装更新；可能想要选择睡觉的时间进行更新与安装。这样做，可以不会因为下载和安装活动而影响工作（如图 4.1 所示）。

也可以选择下载到电脑，但并不马上安装。安装过程需要自己手动操作。或者当有新的更新可用时，选择接收一个通知，但要手动下载和安装。这些配置选项，可能会对这样的用户有用：他们不想被正在安装的补丁打断、已经限制因特网连接、想要对于下载补丁的时间进行控制。大体上，家庭用户应当使用自动设置。

当新补丁是可用的或者已经被下载并准备在系统上安装的时候，此时在 Windows 安全中心的图标会在系统托盘中呈现黄色。单击这个图标，可以查看更新的详情，然后选择是否想要安装它们。

如果选择不安装已经下载到电脑上的更新，文件就会被删除。仍然可以单击在控制面板里的"系统"并选择"自动更新"标签，稍

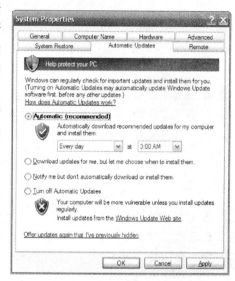

图 4.1　Windows XP 自动升级选项

后应用更新。在底部可以看到一个链接"再次提供我以前隐藏的更新"，可以单击它再次下载更新曾经拒绝的内容。

Windows 的自动更新特征，就是当新的安全补丁一出现，你就能够得到、至少是能够意识到。不过要看如何去配置。但是，自动更新只是会通报能影响系统安全的漏洞或者下载补丁。由于一些补丁影响 Windows 功能或者一些底层程序，而不会影响安全性，应当定时地查看 Microsoft 升级网页站点。

在 Windows XP 系统中要打开 Microsoft 更新站点，选择"开始 | 所有程序 | Windows Update"（在 Windows 2000 系统，在开始菜单的顶部单击"开始 | Windows Update"）。如果单击"快速"（Express）按钮，则启动一个对系统的扫描（如图 4.2 所示）。然后 Microsoft Update 将判断系统目前缺少的应该安装的补丁。

单击"自定义"（Custom）按钮，将会执行更全面的扫描。完成扫描之后，当出现以下 3 种不同类别的可用更新时，你将会被告知。这 3 种是高优先度的更新和服务包、可选择的软件更新、可选择的硬件更新（例如，设备驱动）。

可以通过查看每个更新的简短描述来学习更多关于它做什么，并选择想要安装哪个

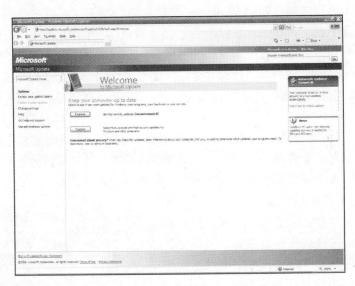

图 4.2 Microsoft 更新欢迎界面

更新。在选择想要应用的更新之后，单击 Review and Install Updates 以及 Install Updates 按钮开始运行这个程序。

通过打补丁来防范

理论上，使用的软件最初是没有漏洞的。然而，由于类似 Microsoft Windows 的程序里包含成百万上千万行的代码，常常是由分布在世界各地的不同团体的人编写，不可避免地会发现其中的漏洞。当一个缺陷或者漏洞被发现，随后补丁程序就会被开发出来。在应用这个补丁之前，应当具有防范意识。

首先应当知道，有时补丁程序会引进了新的缺陷。为了尽可能快地给用户分发补丁（尤其是牵连关于重要安全漏洞的补丁），补丁代码开发者在急促完成开发后，可能没有投入更多的精力执行质量检查。

即使在最好的情况下，软件生产商也仅在很多的不同配置和条件下测试了补丁。由于安装了这个补丁，你精心收集的软件或者服务，可能相互不起作用，并引起一个开发者无法预料的问题。这些仍然是非常有可能的。

一个有缺陷的补丁可能导致一种很大范围的问题。这些问题从离奇的缺陷或者丧失的功能，到系统崩溃或者甚至可能致使系统完全不能启动。

另外要谨记的是，一个补丁可能修复不了或者至少不完全地修复想要修复的缺陷。有时候软件开发商可能发现了一个缺陷并开发出一个修复特殊征兆的补丁，而没有纠正导致这个征兆出现的根本的缺陷。

对于这种情况，你只有接受。要明白，一个补丁并不能够把一切问题都修复；并且还要知道，如果更多缺陷或者漏洞被发现，软件开发商可能会重新发布一个补丁，或者发布一个新补丁来代替原来那个补丁。

在某种程度上，可以做一些事情去保护自己。首先，最重要的是应当总是备份电脑或者至少是那些重要的数据。这样，当灾难性的故障发生后，可以恢复系统而不丢失数据。

注 释

关于备份或者存储文件信息，见第 11 章。

Windows XP 也有一个特性，让你从问题中恢复，以及让电脑返回到先前的状态的设计。Windows 系统恢复特性自动定期地保存还原点，以便在必要时能及时重置系统到还原点（如图 4.3 所示）。

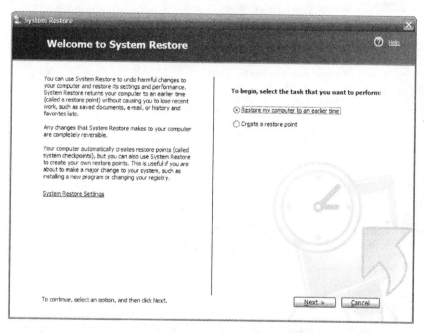

图 4.3　Windows 的系统还原欢迎界面

在应用补丁或者进行系统更新或者升级之前，应当立即手动建立一个还原点，在需要的时候，能够将系统恢复到打补丁之前的状态。我建议，每周建立一个系统还原点作为一般系统维护的一部分。

可以手动设立一个还原点。单击"开始丨所有程序丨附件丨系统工具丨系统还原"。选择"创建一个还原点"，并且单击"下一步"按钮。为还原点输入一个描述性的名称，并且单击"创建"按钮。

在多数情况下，如果它引起什么问题，也可以使用在"控制面板"里的"添加或删除程序"功能来卸载补丁或者升级（如图 4.4 所示）。不过在应用很多补丁之后，决定去除哪个补丁是有窍门的。这些补丁在知识库里，都是一个以"KB"开头，后跟着一个 6 位的数字。它们列在"添加或删除程序"里。在"添加或删除程序"的顶部，查看"显示更新"框来控制显示 Windows 的补丁和更新。

通常情况下，能够在可应用的 Microsoft 安全公告中的目录末端找到相关的知识库

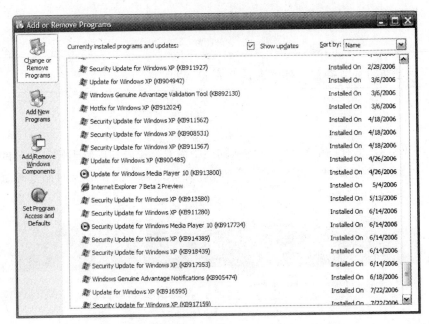

图 4.4　Windows 在"添加或删除程序"中的补丁与升级窗口

数字。也可以在搜索引擎（如 Google）搜索带 KB 的数字来得到更多的详情。

　　如果找不到准确的路径从"添加或删除程序"中去除补丁，或者假如系统是很不稳定的、功能紊乱，导致甚至不能打开"添加或删除程序"，应该使用最新的备份，或者 Windows 系统还原特性去还原系统。这样，可使系统恢复到应用补丁或者更新之前的状态。

小结

　　本章介绍了多种方式为软件打补丁或者更新。我们谈到了应该积极使用补丁的原因，以及如何才能知道最新存在的漏洞和补丁，还有对操作系统和应用是可用的补丁。

　　我们也讨论了如何使用 Windows 的自动更新特性，以及如何使用 Microsoft Update Web 站点来识别和下载任何必须的补丁。我们讨论了如果出错，如何使用系统还原或者"添加或删除程序"来取消补丁和数据备份的重要性。

其他资源

　　下面的资源提供更多的关于补丁的信息：

■ Microsoft Update（www. windowsupdate. com）

■ SecurityFocus Bugtraq（www. securityfocus. com/archive/1）

■ Secunia Advisories（secunia. com/advisories）

第二部分
安 全 进 阶

第 5 章
边界安全

本章主要内容：

引言

一般来说，当考虑边界安全时，应考虑保护网络外部边缘，因此产生了术语 perimeter。家庭电脑和小型办公室/家庭办公（SOHO）的网络通常会有一种适当的防火墙；它可能是路由器、无线接入点或者交换机。一些人认为边界安全起始于 Windows 防火墙或者其他位于电脑上的防火墙。如果认为那不是一种边界安全方法，那就错了。以装有由 Verizon（美国最大的无线通信商）提供无线宽带网卡的便携式电脑为例。安全性中最重要的一点是什么呢？电脑上的软件就是正确的答案。

本章将关注边界安全的一些不同方面，以及它们是如何工作的。我们还讨论一些安全理念，这些也许是你以前没有考虑过的。

由护城河和吊桥到防火墙和过滤器

在古文明里，整个的城镇或者乡村，被一种保护物所围绕。这种保护物有可能是一堵高墙或者一个深深的护城河，或者都是——来阻止没有被邀请的"宾客"进入。卫兵护卫入口并大喊"谁在那里"？如果正在进入的人员是熟人、有正确的口令或者获得了充分信任，护城河的吊桥或者要塞城门将被打开，允许他/她进入。

如果这种形式的防卫具有 100% 的安全效率，那么在乡村或者要塞的边界就不需要种种安全措施或者法律了。表面上，你能够把坏人隔离在墙或者护城河外面，并且在里面的每个人都举止文明和互相尊敬。当然，这种情况通常是不会发生的。对于想穿越防线的恶毒入侵者或是想破坏法规的内部不满者，一般来说，都需要一种内部的法律约束来保持城墙内部的和平。

在一台电脑的网络中，边界安全采用一种相似的方法工作。一般来说，一个网络需要一个防火墙，如同要塞的城墙或者城堡的护城河，其作用是保护电脑网络。如果进入的网络流量不满足在防火墙里定义的规则，这个流量会被锁定或者拒绝，也就不会进入到内部网络。图 5.1 展示了典型的有一个内部防火墙和外部防火墙的网络配置。

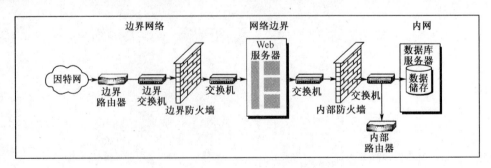

图 5.1　边界安全

如果一个防火墙有 100% 的效率，并且进入网络的外部流量只攻击需要关注的部分，那么在内部网络就不需要任何其他的网络安全机制了。但是，事实并不是这样，仍然需要内部的安全措施。运行一个入侵检测系统（IDS）或者入侵防御系统（IPS），能够帮助检测恶意的、通过防火墙的或者起源于网络内部的恶意流量。

即使是防火墙和入侵检测系统或者入侵防御系统，并不能阻止每个可能的电脑攻击。但是，由于采用了一个或者多个适当的技术，能够增加安全性，从而大大地减少暴露的风险。

防火墙

防火墙原来是用于建筑物中，是建筑物中的一种安全机制。简单来说，它是一堵墙，其目的是防止火对房屋的危害。这个概念是，如果一个建筑的一部分着火，防火墙将阻止火焰蔓延到建筑的其他地区，甚至是其他的建筑。

一个网络防火墙具有相似的功能，但不是包围一个房间或者一个建筑。防火墙保护电脑网络的入口和出口，而不是试图包住"火"或者保持"火"在内部不外泄，防火墙确保让"火"保留在网络外部。

工具和陷阱

NAT

使用 NAT 或者网络地址转换，实际上可能为内部网络中超过一个的设备连接 Internet，即使只有一个惟一的公共 IP 地址。家庭电缆/DSL 路由器和 Windows 互联网连接共享（ICS）功能都使用 NAT。

基于因特网网络的设备必须有惟一的 IP 地址，对因特网网络来说，它们是惟一的，并且不能直接连接因特网。

电脑向公众网发出连接请求，NAT 程序或者设备，截取所有出站的请求。然后，接收进入网络的流量，并转发给内网中的终端。

做一个比喻，如同送邮件去一个单元楼，NAT 设备的 IP 地址将给"邮件"正确的"楼号"，而 NAT 设备将确认它到达了正确"房间"，即内部某台电脑。

首先了解一些网络传输的工作原理，这些对理解防火墙是如何工作的，以及为什么要用防火墙保护网络或计算机，是很有帮助的。

网络传输流量

网络传输是基于地址和端口的信息，使数据从 A 点到达 B 点。每个在因特网上的设备甚至一个内部网络，必须需要一个惟一的 IP 地址。一台电脑的 IP 地址，在计算机网络中的作用等价于街道或者邮件地址。

在图 5.2 中可以看到，为了让 10.10.10.1 到达邮件服务器，必须知道邮件服务器的 IP 地址是 1.1.1.2。

为了让邮件顺利到达一个指定的用户，首先被 ZIP 码分类。ZIP 码能够让邮政服务知道，这个用户位于哪里。这种分类能够将用户所处的一个大范围，缩小到一个特定的

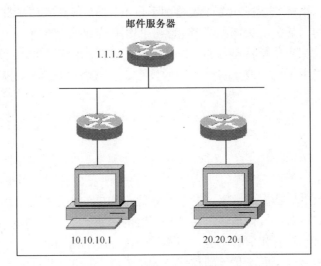

图 5.2　网络 IP 流量

城市或者州，甚至可能一个城市内一个小范围内。在 ZIP 码分类后，邮政服务人员就能够看到街区的名字，进一步缩小目的范围。邮递员将保证邮件会到达指定的街区内正确的楼牌号。

路由器和端口

IP 地址提供类似的信息给网络路由器。IP 地址的第一部分是识别网络设备的位置，与一个邮件地址的 ZIP 码类似。这个信息帮助一个给定的因特网服务提供商（ISP），甚至在 IPS 内部更小的区域内，缩小目的范围。IP 地址的第二部分是识别惟一的主机，与一个普通邮件地址中的街道地址很类似。这部分信息将目标缩小到网络的一个特定段，并缩小到确切的拥有指定 IP 地址的设备。

网络通信也用端口。端口在一定程度上跟电视频道或者无线电台相似。大概有65 000 个可能的端口让网络通信来使用。大部分的端口，特别是哪些 0～1023 范围的端口，都有一个特殊的服务目的。但是，一多半的端口能够用来实现多种服务目的。

例如，如果要收听一个特定的无线电台，必须将收音机调整到一个特定的频率或者台站来接收信号。如果要观看一个特定的电视节目，必须调整电视到一个特定的频率或者频道来接收信号。在这两种情况里，也有很多频率没有被指派给固定的台站或者频道所使用，也可能被某人用来播放。

类似地，某个服务或者某类通信发生在指派好的网络端口上。例如，电子邮件基于简单邮件传输协议（SMTP）使用端口 25 和基于 POP 3 的通信使用端口 110。针对网络冲浪，对于普通站点则用端口 80，对于安全或加密站点则用端口 443。通过其他端口使用这些服务也是有可能的，而这些是因特网上操作的默认的端口。

数据包的路由和过滤

网络传输的另一个重要方面是，这些流量被分成小的片。假设要在邮件里载运一个电冰箱给某人，电冰箱太大了，一次邮寄不可行。然而，可以将冰箱分拆，并把每块一次装进一个单独的盒子。一些包裹可能用卡车运输，而另一些可能用飞机或者火车运输。多种运输形式保证不了这些包裹一起到达，也不能保证它们按照原先的顺序到达。可以对包裹如下编号：1/150，2/150，3/150等。这样做可以使一旦冰箱到达了目的地，组装更加容易。

网络流量也按照相同的方式处理。尝试发送一个完整的 4MB 或者 5MB 的文件将会很慢或者没有效率。网络流量被分成一个个的数据包。不同的数据包可能通过不同的路由穿过因特网，但不能保证数据包将一起或者按照顺序到达目的地。所以，每个数据包将有一个顺序编号，让终端设备在接收完给定的所有数据包之后，知道数据包的正确顺序。

每个网络数据包都有一个包头，包头包含了足够的详细信息，类似装载的发货单。数据包头中的信息标识了源 IP 地址、目的 IP 地址和端口。许多防火墙使用这些信息来限制或者允许通信。

在一个网络站点上冲浪的时候，电脑将通过端口 80 连接网页服务器。但是，返回到电脑上的流量可能通过别的端口并将会被防火墙做不同处理，而不是简单接收这些流量。

理想的情况下，除了通过特别选择允许的端口，防火墙将会锁定所有进入的流量。对大多数家庭用户来说，对将要进来的流量锁定所有端口是安全的，因为家庭用户一般不会提供服务，如提供一个电子邮件服务。除非在电脑上，你正在给一个网页站点做主机。一般地，不需要通过端口 80 的流量从因特网接入到电脑。如果没有运行自己的 POP 3 电子邮件服务器，不必允许通过端口 110 进入的流量。在大多数情况下，需要进入到网络的流量仅仅是电脑的一个请求的回复。当然，还会有这些一些情况，一些在线游戏或者 P2P 网络，需要电脑当作一个服务器，并需要打开特定的端口。

这种基本的防火墙模型被认为是一个数据包的过滤器。可以使用一个基本的数据包过滤防火墙来拒绝所有的来自一个特定的 IP 源地址的流量，或者锁定将要进来的通过特定端口的流量。按照本章前面的论述，为防火墙所做的理想配置，就是首先阻止所有将要进入的流量，并且随着需求的提高建立特殊的规则来允许从特殊的 IP 地址或者端口的通信。

状态检测

有一种比前面提到的数据包过滤技术更深入更先进的方法叫做状态检测。状态检测不仅检查源地址、目的地址和端口信息，而且保持跟踪通信状态。换句话说，它不是简单地让流量通过对应的端口，而是将数据流量传输到请求接收这些流量的电脑。

状态检测也检查通信的上下关系。如果一个上网的电脑从一个网页服务器中请求一个网页，状态检测包过滤器将允许网页流量通过。然而，如果网页站点是恶意的，并且也试图安装一些恶意软件，一个标准的包过滤器可能允许这些流量通过，因为它是响应了从网络上发出的初始化请求。但状态检测包过滤器将拒绝这些流量通过，因为这与请求时的通信上下关系不一致。为将要进入网络的数据包实施更严格的检查，与一个标准的数据包过滤器相比，能够更好地保护网络。

如图 5.3 所示，状态检测通过使用规则或者过滤机制来检查动态的状态表，用来验证这个包是否为有效连接的一部分。

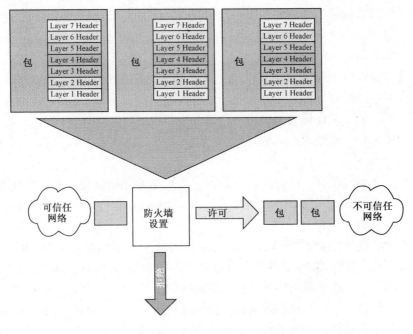

图 5.3　状态包检测

应用网关和应用代理防火墙

可以使用一个应用网关或者代理防火墙来得到更好的保护。一个应用代理作为两台设备通信的媒介，这样的两台设备可以是一台电脑和服务器。基本上，这里有两种连接：一种是从客户端到应用代理，另一种是从应用代理到服务器。应用代理接收请求，建立初始会话，如浏览一个网页。它验证这个请求是可信的和得到允许的，然后代表客户端电脑初始一个网页会话，将自己作为目的地址。

这种防火墙提供更加高层次的保护，并且具有了隐藏客户端真实身份的好处，因为看起来外部的通信都是由应用代理发起的。这里的问题是，应用代理占用了很大的内存和处理能力，并且可能降低网络性能。随着计算机处理能力的提升和 RAM 的降价，占用更多内存等问题就不会是一个问题了。

个人和 cable/DSL 路由器防火墙

家庭或者小型办公用户一般使用两种不同的防火墙：个人防火墙和 cable/DSL 路由器防火墙。这两种防火墙不是相互独立的，实际上能够联合在一起来增加安全性。在图 5.4 中可以看到一个 SOHO 防火墙，它位于管理本地电脑上的交换机外面。

大多数家庭用路由器被设计用来与 cable 或者 DSL 一起，实行因特网访问，这种路由器带有一个基本的包过滤防火墙或者一个状态检测防火墙。除非特别地进行过配置，一般标准的默认配置是用来拒绝所有访问的。应该检查路由器文档，确认防火墙是默认开启的和默认的规则设置是什么。

这种防火墙能够帮助家庭网络提供真正的边界安全。无论家里连接多少电脑，所有

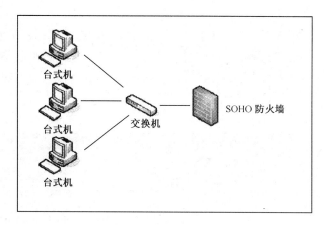

图 5.4 SOHO 防火墙

来自因特网的网络流量将通过这个设备进入，所以所有的电脑将被保护。家庭用路由器通常也保护网络地址转换（NAT），意思是网络上任何计算机的真正的 IP 地址会被隐藏，而外部的系统仅仅能看到防火墙或者路由器的 IP 地址。

有两个关键东西可以记得什么时候使用这种路由器。第一，应当尽可能地经常更换默认的口令。第二，应当改变内网使用的默认 IP 地址。默认的口令对攻击者来说是很容易发现或者猜测的（由于这些口令在一些网站上能够查到，大部分攻击者都知道这些口令），大多数攻击者已经意识到家庭用路由器使用的默认的子网是 192.168.0，并且路由器自身的管理屏将会在 http://192.168.0.1 被访问。

关于家庭用路由器防火墙的一个重要提示是，这种防火墙对用拨号访问因特网的用户不提供任何保护。如果分享一个单独的因特网连接，就能够放心地在网络上通过一个有防火墙的家庭用路由器连接其他系统。但是，通过拨号连接因特网的电脑将得不到保护。

无论是否有一个路由器通过一个包过滤器或者状态检测防火墙，为网络提供保护依然可以在每个单独的电脑系统中安装个人防火墙应用程序。如同网络防火墙可以监听、限制进入网络的流量一样，个人防火墙器监听和限制进入电脑的流量。

出于一些考虑，这样做是有利的。首先，如果其中的一台电脑正在参与线上游戏或者 P2P 形式的网络连接，可能需要打开网络防火墙上的端口来实现通信。虽然对使用那些端口的计算机来说那是个可以接受的危险，然而网络上的其他计算机或许不需要任何潜在的、恶意的流量进入那些端口。网络上单独的计算机可能也想要保护自身，而阻止可疑的或者恶意的、来自所在的网络中其他电脑的流量。

Windows XP 系统里带有安装过的个人防火墙应用程序。Windows 防火墙是一个状态检测防火墙。与上述的路由器防火墙相比，Windows 防火墙的一个优势是，甚至能为通过拨号上网的电脑提供安全。

在某种程度上，Windows 防火墙是非常强大的。它有能力靠丢弃入站的数据包来探测和防卫特定种类的 DoS 攻击（当攻击者能够使设备瘫痪或使设备的承受力超出其负荷，以至于不再响应请求，该设备因此拒绝向合法用户提供服务。此时，一个 DoS 攻击就发生了）。

如果 Windows 防火墙被关闭，并且电脑上没有运行其他种类的防火墙，Windows XP 安全中心将在任务栏显示一个弹出的警报，提示电脑可能是不安全的。为了开启 Windows 防火墙，单击"开始｜控制面板｜安全中心"。当安全中心控制台弹出时，单击底部的"Windows 防火墙"来打开 Windows 防火墙配置界面（如图 5.5 所示）。选中 On 复选框并单击 OK 按钮来打开防火墙。

图 5.5　防火墙设置界面

在图 5.6 中，在 Windows 防火墙控制台上看到 Exceptions Tab（"例外"选项卡）被选择。"例外"选项卡允许用户选择特定的应用程序或者网络端口通过防火墙。一些程序在启动的时候，就被 Windows 默认允许访问网络。如果需要添加一个没有在列表里显示的程序，可以单击"添加程序"并手动选择这些应用。在"例外"选项卡选择的程序和端口，将不会被正常的防火墙规则所限制，并且允许通过防火墙，如同防火墙不存在。

在"例外"选项卡底部有一个复选框："Windows 防火墙阻止程序时通知我"。这是一个令人混淆的事情，决定于怎么来看它。如果选中该复选框，则每次一个新的应用试图通过防火墙的时候，将会弹出一个警告。可以选择允许通信或不允许通信。很多用户不喜欢持续的弹出警告，一般地，用户并不理解它们的含义，或者是否应该允许它们。可能不想选择这个选项，但如果要尝试使用一个新的程序并运行出了问题，总是会先考虑到防火墙，并记起来没有添加一个例外，程序可能不会通过防火墙自由的通信。

可以通过"高级"选项卡为更高级的防火墙配置访问做一些设置。在顶部"网络连接设置"列出了所有在电脑里的网络适配器或连接（如图 5.7 所示）。在适配器或者网络连接旁边的框中打勾，意味着它们得到了 Windows 防火墙的保护。其他的则不被 Windows 防火墙保护。

图 5.6　Windows 防火墙"例外"选项卡

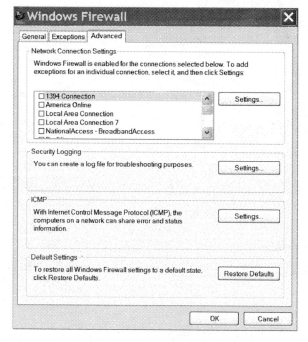

图 5.7　Windows 防火墙配置的高级标签

"高级"选项卡也允许打开或关闭日志记录。如果开启日志记录，一个关于所有来自或者到防火墙的记录信息的文本文档就会生成。当网络协议正在使用的时候，会收集源 IP 地址和目的地 IP 地址，源端口和目的地端口信息。一个普通的用户可能不知道这些信息有什么用。但是这个信息对发现并解决问题，或者发现导致一个攻击或者系统危险是有用的。

在"高级"选项卡的底部可以重新设置 Windows 防火墙，即默认设置。在定制完且添加完例外和完全配置后，可能发现改变设置让它们重新起作用是很困难解决的。如果有严重的连接问题，可能想要回到 Windows 防火墙的初始的设置且从头开始。

Windows 防火墙是强大的工具，免费包含在操作系统里。某些情况下它也能起一些负作用，使电脑在自己的网络上与其他电脑通信或者分享资源变得困难。基于这些原因，我们推荐关闭该防火墙，并且安装一个第三方的防火墙产品，如 ZoneAlarm（如图 5.8 所示）；或者一个安全套装的个人防火墙组件，如 Trend Micro PC-cillin 来代替 Windows 防火墙。ZoneAlarm 是一个流行的个人防火墙程序且非常有效率，相对而言使用简单。

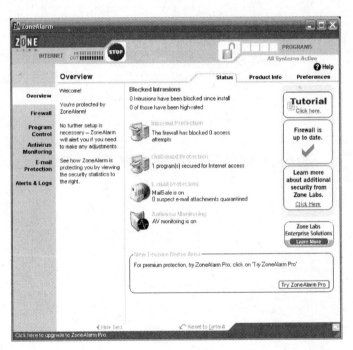

图 5.8 ZoneAlarm

Zone 实验室为个人用户免费提供基本的 ZoneAlarm 产品。ZoneAlarm 提供的基本的防火墙与一些更高级 ZoneAlarm 产品不同，不带作为铃声和口哨声的报警形式。Windows 防火墙仅仅过滤或者锁定将要进来的流量，与此不同的是，ZoneAlarm 还将查看向外传送的流量。这种特性将提醒一些木马或者间谍软件的信息。这些木马或者间谍软件会危害电脑，并且可能尝试发起向外的通信。

通过进行相应的配置，ZoneAlarm 能够提供不同种类的恶意流量的警告，以便当它发生时提示潜在的恶意行为。由于新的应用尝试从电脑连接，ZoneAlarm 将询问用户是否允许连接。可以选择是否允许这次连接，或者总是允许这个程序在需要的时候建立连接。对于弹出的窗口，惟一的问题就是程序名字可能不会总是被识别，并且对用户来说，很难准确判断连接尝试是恶意的或者良好的。

无论挑选哪种防火墙产品，我们强烈建议应该使用一种个人防火墙应用程序，如果有可能，除了基于 cable/DSL 路由的防火墙，还应该在每台电脑上使用一种应用层防火墙。我们一直在为用户提供建议与咨询，包括一些文字。一旦安装了一种个人防火墙产品，如果开始有任何连接问题，记住首先查看我们的建议。通常情况下，一种防火墙可能会阻塞认为应该通过的流量或者连接，所以应该首先查看防火墙的配置，这样做可以避免为了解决这个问题而花费时间。

入侵检测和防御

在电脑或者网络上装有一个入侵检测系统（IDS）就像在家里装有监视器或者警报传感器。希望在门上和窗户上的锁可以阻止未经允许的入侵者，但是可能失败，要一些方式监视入侵或者当入侵发生的时候警告你。类似地，期望防火墙阻止恶意的流量进入网络，但可能还会有一些攻击会通过防火墙，IDS 能监视并警告。

那就是一个 IDS 真正要做的事情，监视和警告。如果家里也有一些自动防范机制来把闯入者困在家里直到主人到达，或者如果有武装的守卫迅速地阻止入侵，则它更像是一个 IPS。

与防火墙系统类似，IDS 可以是基于网络的（NIDS，或者叫基于网络的入侵检测系统），也可以安装在独立的电脑上（HIDS，或者叫基于主机的入侵检测系统）。NIDS通过检查当前的在网络上传播的实时数据包来寻找可疑的动作。HIDS 检查日志文件，例如，Windows 事件日志（系统、应用和安全事件日志）的日志文件，寻找认为可疑行为的痕迹。图 5.9 展示了在电脑管理对话框里的事件监视器。

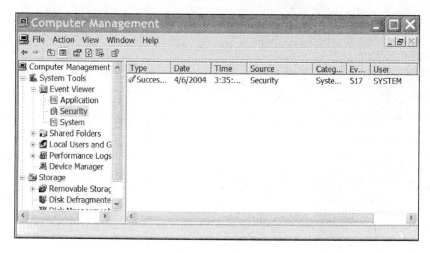

图 5.9　电脑管理

NIDS 具备一个优势，就是能够检测实时地攻击。它甚至还能检测失败地攻击，以便让你知道攻击的企图曾经发生。NIDS 还能检测 HIDS 可能漏掉的一些攻击，因为 HIDS 仅仅靠查看包的标头信息对攻击进行识别。

因为 HIDS 依靠查看在主机系统上的日志来识别攻击，故能够确认一个攻击是成功的。它也能检测不通过网络的攻击，例如，攻击者在装有 HIDS 的主机前操作键盘。HIDS 还能检测尝试访问文件、改变文件许可、改变 NIDS 不能检测的关键系统文件的一些恶意行为。

不能够笼统地说，两种入侵检测系统一个比另一个好。这两种入侵检测系统可以联合使用，提醒所有不同种类的攻击，这些攻击可能不会被单个 NIDS 或者 HIDS 所检测到。不管选择哪个系统，入侵检测技术一般地不外乎是两种类别之一，或者两种类别的混合。基于签名的检测跟大多数反病毒软件所采用的技术是相似的。它通过尝试将数包包的包头等信息，与其他的带有已经知道的漏洞、攻击和恶意代码的数据库中的信息进行比较来识别可疑的动作。

与反病毒软件类似，该方法也存在一些局限。直到一个新的攻击存在，没有方法来给这个攻击确定一个特征。事实上，在 IDS 的开发商或者支持团队开发出一种攻击特征之前，某人必须被先攻击。此外，在 IDS 开发商发表攻击特征，将此特征安装到 IDS 中之前，这一段时间中依然会受到攻击。

基于异常的检测，是将网络数据包与一个已经知道的基线做比较，以此来寻找不正常的模式或行为。例如，如果一台通常不使用 FTP 的电脑，突然尝试启动一个 FTP 和服务器连接，IDS 将检测这是一个异常并会发出警告。接下来，异常地检测需要很多明确的"特征"来描述什么是正常的流量，并且建立基线。在最初的基线建立期间，可能得到很多实际上错误的警告，或者错过发现潜在的恶意的行为。

这两种检测技术各有利弊，但是不管检测到多么可疑的或者恶意的动作，IDS 的工作就是发出警告。这种警告可能是发送一条在屏幕上弹出经由 Windows 信息服务的控制台信息、IDS 发送一个电子邮件或者在某些情况下甚至发送一个短信来完成。这要根据所配置的提醒方式。如果没有一个规划好的事件响应方案来处理问题，使用 IDS 来做检测并警告可疑的恶意动作的存在是没有价值的。关于对安全事件作出反应的具体描述可以见第 11 章。

最好的且最流行的一个 IDS 程序就是 Snort（如图 5.10 所示）。Snort 是一个免费的、开源的网络入侵检测（NIDS）应用程序。由于它的流行和是一个开源程序，有很多支持论坛和邮件列表供参考学习，可以为新的服务来获得特征升级。Snort 分析网络包，并且能检测很多已知的攻击和恶意动作。

有一个更新的技术可以处理初始的响应。IPS 在一定程度上像一个 IDS 和防火墙的混合体，或者可以与已有的防火墙一起发挥作用。IDS 和 IPS 最主要的不同就是 IPS 能够做一些事情来响应并尝试阻止入侵，而 IDS 将仅仅让你知道它正在发生。

IPS 以 IDS 相同的方式监视网络，并仍使用相同的签名或异常模式匹配技术来识别潜在的恶意动作。然而，当 IPS 检测到有可疑的恶意流量时，它能改变或者更新防火墙规则来完全阻止所有通过目标端口的流量、所有从源 IP 地址的入站信息、任何可能配置的定制响应。

通常，IPS 被这样配置，它不但采取及时地动作去阻止任何恶意地动作，而且还像

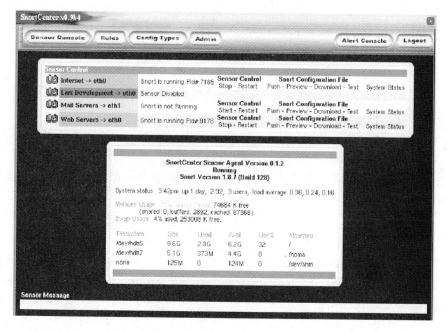

图 5.10　Snort

IDS 一样警告你。即使 IPS 已经控制阻止违反的流量，仍需要知道这个攻击或者尝试的攻击，并且可能需要一个响应，这个响应是比 IPS 采取的快速修复方法更彻底的或者长时间的解决方案。

有时，当多种应用和设备试图提供功能全面地保护而一起出现时，防火墙、入侵检测和入侵防御，这三者之间的关系是模糊不清的。小型商业网络可能会执行入侵检测或入侵防御，但是对家庭网络来说，入侵检测和入侵防御提供的安全可能比需要的更多。然而，基于路由器的防火墙和个人防火墙应用被强烈地推荐用来保护网络，并且最大化保证电脑安全。

小结

虽然很难说从所有不同的销售商那里得到的不同的周边安全系统之间的区别是什么，但是应该有一个理念，那就是这样做是正确的，并且是需要的。不论用什么样的系统，都需要一种安全来保护数据。每个人需要的不是电脑或者鼠标，而是一种安全机制。按照我们所说的，最好多去做，而不仅仅是做。所以确保周边安全环境是开启的，并且主机安全是打开的。

如果正在使用 cable 调制解调器，买一个好的 cable 路由器或者无线网路由器。这两种设备，如 Linksys 或者 Netgear 的设备，有良好的安全设置可以用来作为周边防火墙。阅读说明书，在路由器上设置防火墙作为第一层的防护，然后确定打开 Windows 防火墙，或者使用一个在电脑上的第三方个人防火墙。如果有攻击者穿越了周边防火墙，这些机制将会实施保护。所有用户应该为家里或者 SOHO 类型的安装使用这个方案。

Windows 防火墙远比什么都没有好，并且价钱也合理。但是大多数第三方的个人防火墙提供更多地全面保护，以及提供更多直接的界面来实施管理。

其他资源

下列资源提供更多关于防火墙和其他周边安全的信息：

- Amarasinghe，Saman. *Host-Based IPS Guards Endpoints*. Network World. July25，2005（www. networkworld. com/news/tech/2005/072505techupdate. html）
- Bradley，Tony. *Host-Based Intrusion Prevention*. About. com. （http://netsecrity. about. com/cs/firewallbooks/a/aa050804. htm）
- *Home and Small Office Network Topologies*. Microsoft. com. August 2，2004（www. microsoft. com/technet/prodtechnol/winxppro/plan/topology. mspx）
- Tyson，Jeff. How Firewalls Work （www. howstuffworks. com/firewall. htm）
- *Understanding Window Firewall*. Microsoft. com. August 4，2004（www. microsoft. com/windowsxp/using/security/internet/sp2_ wfintro. mspx）

第 6 章
电子邮件安全

本章主要内容：

- 电子邮件的发展
- 电子邮件安全问题

- √ 小结
- √ 其他资源

引言

电子邮件是人们用电脑工作最常见的方式之一。电子邮件系统具备了几乎一瞬间将信件传送到全球任何角落的能力，具有传统邮件服务无法比拟的速度和效率。

不幸的是，电子邮件系统在高效传送合法邮件的时候，也能够传播恶意软件和垃圾邮件。有时，垃圾邮件塞满了收件箱。本章介绍的信息将帮助您高效、安全地使用电子邮件。

本章介绍：
- 电子邮件的历史
- 收取电子邮件文件附件时保持警惕
- 通过对比，理解如何使用基于 POP 3 协议和基于 Web 的电子邮件系统
- 怎样预防和阻挡垃圾邮件
- 怎样保护自己免遭电子邮件欺诈和钓鱼攻击

电子邮件的发展

电子邮件的概念的提出要比人们想象的时代要远。计算机科学家和工程师们早在 20 世纪 70 年代初就开始使用 ARPANET（众所周知的互联网前身）来相互通信了。

当时它作为命令行程序，少数人用来进行少量通信。从那时开始，电子邮件的概念慢慢发展成为今天所使用的这个样子。大约 20 年过去了，最初的电子邮件通信发展成了大规模、主流的通信方式。

电子邮件安全问题

当今，电子邮件是千百万人办公和个人通信的主要手段。每天有上亿封信件通过网络传播。不幸的是，根据 MessageLabs Intelligence 2005 年度的安全性报告，近 70％的电子邮件是不请自来的商业邮件，这些邮件基本上可以和垃圾邮件等同了，并且每 36 封电子邮件里有一封包含病毒或是某种恶意软件。

与你的电子信箱类似，我收到的邮件里有不少也是不请自来的商业邮件。我基本不会停下来去看它们一眼。在我的邮箱中，甚至其中的 50％～80％都是垃圾邮件。如果把这些电子邮件的数据转换成生活中的标准邮递信箱里，这就意味着，在某一天收到了 10 封邮件中，其中的 8 封是商业垃圾邮件，而且其中一封包含炭疽或是其他传染病物质，还有一封来自你住在堪萨斯州的兄弟，里面是你侄女在她最近一场舞蹈演出中的照片。

垃圾邮件和恶意软件肯定是电子邮件通信的最大祸根，但是当把这些数据与收音机、电视或是标准邮递信箱中传播的来路不明的营销信息数量相比较，垃圾邮件似乎没什么大不了的。即使恶意软件的体积只占所有电子邮件体积中很小的一部分，如果电脑感染上它，仍然会产生不可忽视的影响。病毒和其他恶意软件相关知识请参考第 3 章。

手写信件是十分美妙的，带有电子通信无法模仿的魅力和亲切感。但是，几乎瞬间就能够与世界上任何一个人通信的能力，使得电子邮件成为许多不同种类通信的完美选择。不幸的是，由于它的速度和广泛的应用范围，也成为了传播恶意软件的攻击载体。基本上每个使用电子邮件的人都会收到垃圾邮件和恶意软件。所以，应该确保采用了正确的防范手段来高效且安全地使用这种通信媒介。

打开附件

电子邮件最初出现时，是作为一种被计算机工程师用来交换简单消息的程序。当时，电子邮件简单得只在命令行应用程序下使用。任何人都没有意识到，有一天上亿封信件会在地球上飞来飞去，也没人意识到这些信件中很大的一部分会包含某种类型的附件。

20 世纪 90 年代初互联网爆炸式发展之时，电子邮件成为了主流通信方式，文件附件也迅速作为许多电子通信方式的标准组成部分出现了。作为个人电子邮件，用户发现它是一种快捷简便的、与身处国内或国外的父母分享照片的通信方式。在商务领域，将商业提案或是最新的财经数字，以文档或表格形式作为电子邮件的附件发送出去，这些都体现了电子邮件的优势。

随后，电子邮件就成为一种商务惯例，文件附件也成为开展业务的需要。当企业发现电子邮件的文件附件比传真更快更可靠时，传真机很快就被取代了。

作为个人电子邮件形式的信件，文件附件的使用也增长得十分迅速。用户发现不仅可以附上图像文件（如照片），还能附上小短片、写满了笑话的文档等文件，甚至能与亲朋好友一起分享整个节目。

但是，当谈到能够故意侵犯的恶意软件传播和恶意计算机活动时，我们对电子邮件就不乐观了。恶意程序的开发者可以做出一些可执行的并完成一种恶意功能的程序，以文件附件的形式传播。通过单击可执行该程序。

在大多数情况下，文件附件作为一种传播恶意软件的方法，其成功与否取决于一种称为"社会工程学"的方式。基本上，恶意电子邮件的作者必须以某种方法迫使接收者打开文件附件。

一种用来诱使接收者打开恶意电子邮件附件的方法是利用用户的好奇心。安娜·库尔尼科娃病毒的诱骗方式是，声称其附件中包含这名网球明星的照片，但是打开附件只会让电脑感染病毒。

这种社会工程学紧接着伪装成从用户认识的某些人发出的电子邮件。显而易见，相比来自完全陌生的人的信件，用户更有可能信任一封来自乔治叔叔或是与一起吃午饭的同事的信件。恶意软件开发者开始时编写病毒，通过被感染电脑的电子邮件程序将其发送至地址簿上的地址。这种繁殖方法的采用，使得被感染的电子邮件被发到认识被感染电脑主人的人的电脑成功率极高，因为人们更容易相信这些信件。

最终，用户开始采取这种明智的观念：就算是从值得信任的朋友处来的，该邮件也是可疑的。一些公司教育他们的用户，试着不打开一些特定类型的文件附件，因为它们也许会执行一个恶意程序。像文本文档，这样的不可执行程序文件以前被认为是安全的。

然后，某一天有人从朋友处收到了一封电子邮件，标题是"我爱你"，信件的附件叫做"Love-Letter-For-You. txt"。用户没有注意到这样一个事实：视窗操作系统被配置成不显示已知的文件扩展名，因此"txt"是不应该可见的。因此，这些用户双击打开了附件，然后发现感染了情书病毒。

事实上，这种名为"Love-Letter-For-You. txt. vbs"的文件附件，利用了"Windows 隐藏已知文件扩展名"特性，并且利用了"txt 文件是安全的"这一被广泛接受的观念。情书是利用社会工程学和一些"特点"来达到其恶意目的的卓越范例。隐藏文件扩展名的详细内容请参考第 1 章。

当新的威胁创造出来的时候，反病毒软件就一直保持更新并用来检测这些威胁。然而，这只是一种防御式的反应。恶意软件仍然可以穿过反病毒软件，在反病毒软件更新之前诱使用户执行被感染的文件附件。为了杜绝这种感染源，确保用户没有执行恶意附件的机会，管理员开始过滤几种特定类型的附件，不管这些附件是否包含恶意代码。

这是目前最普遍的前摄型防御方法之一，保护网络不被潜在的可执行恶意文件附件、或是一被打开就会运行一段程序或命令的文件附件损害。随着被阻拦的文件类型越来越多，恶意软件的开发者只需简单地找到其他可执行的文件类型就可以传播恶意软件，然后这样的循环会继续下去。

最初，这种阻拦前摄型（proactive）附件的方法是为一些公司网络管理员提供的，这些网络管理员知道如何构建自己的过滤器。随后，一些电子邮件客户端软件也逐渐开始阻拦那潜在的恶意附件。从 Outlook 2003 开始，Microsoft 开始阻拦的恶意代码能够列成一份冗长的附件类型列表。该列表中罗列了潜在的、可能包含恶意代码的附件名称。

阻拦已知的、可执行的附件类型从而降低风险，从安全性的角度看，这是一个正确的方式，但是某种程度上说这太被动了。虽然默认阻拦一种给定类型的文件附件更具前摄性，但是大多数管理员和邮件过滤器并不会向阻拦类型列表里添加一种文件类型，直到这种类型的文件已经被某些恶意软件使用。在我看来，所有的文件附件应该默认被阻拦，然后管理员或用户需要确定哪些类型允许接收，而不是从一个相反的方向来做这件事。

阻拦所有可执行文件附件，但是准许压缩类型的文件通过是这些年来一个十分普遍的惯例，特别是来自流行压缩软件 WinZip 的 ZIP 文件。这样做的逻辑在于，某些用户也许会被社会工程学所愚弄从而双击一个可执行文件附件。社会工程学的方法希望用户首先解压缩档案文件，然后再双击里面包含的可执行文件。一般地，用户肯定拥有足够的常识不这样做，除非很清楚地知道那个文件附件的作用是什么，以及这封邮件的发送者是可信任的。

一些管理员甚至更进一步地阻拦 ZIP 文件附件，除非这些附件是口令保护的。这要求他们在执行文件附件前，首先通过输入口令这样一个额外步骤来打开一个 ZIP 文件。通过这样的方式来确保可能会上社会工程学圈套的客户。可以肯定地说，在执行一个来自不可信的源头的、一个用户一无所知的文件附件之前，而不从一个需要口令的压缩档案中先把它解压，没有一个用户会这样做。

工具和陷阱

过滤 ZIP 文件

过滤有可能是恶意的文件附件，或是阻拦包含潜在恶意附件的电子邮件，都是保护系统的有效方法。

许多网络管理员开始默认阻拦多种附件，某些管理员甚至会把 ZIP 文件添加到禁止文件类型中。

一些公司不愿放弃允许发送 ZIP 文件所带来的便利。因此，这些公司提出了其他变通的工作方式。

例如，名为 "file. zip" 的文件会被阻拦，但是名为 "file. zzip" 的文件就不会被过滤器抓住。通过告诉职员和生意伙伴使用指定的 ＊. zzip 格式，一个公司可以继续享受 ZIP 文件带来的便利，同时也避免了使用这种类型文件进行传播的恶意软件攻击的弱点。

然而在 2004 年初，这些理论都被证实是错误的。带有报复性的目的，新的恶意软件 dubbed Bagel 和 Netsky 攻击了互联网。它们都包含异常短小、含义很模糊的信件内容，简单地说一些类似 "细节见附件" 的东西，而不是尝试通过在信件里利用社会工程学来欺骗用户。这些恶意软件的威胁都使用了 ZIP 文件附件并传播病毒。事实上，这些威胁的某些版本甚至使用了口令保护的 ZIP 文件，而口令就包含在信件正文里，用户还是打开了附件从而感染上病毒。

尽管一些用户数年来一直被告知不要打开一个文件附件，除非不仅信任发送方，而且确切地知道附件是什么，以及发送者为什么将附件发送给他。但是，仍有相当多的家庭用户不知道这些。这就好像一个不熟悉镇子道路的人，在深夜走向想去地方的反方向，而且完全不知道这样做所带来的风险和威胁。

当了解风险和威胁，并且知道怎样避免的情况下，在镇子中走错了方向也能相对安全。使用互联网和电子邮件也是同样的道理。得到一台新电脑，然后不采取任何安全防范措施，就直接跳到互联网上，这种行为就好像开一辆没有刹车装置的车或是不带降落伞去跳伞。只要文件附件还存在，行为的底线就是用户在选择打开或是执行之前，有责任去采取一些有效措施并具备一些常识。

基于 Web 的与基于 POP 3 协议的电子邮件系统

大多数家庭用户使用的电子邮件，要么是基于 POP 3（Post Office Protocol）协议的电子邮件账户，要么是基于 Web 的电子邮件。例如，Hotmail 或是雅虎，都是基于 Web 的电子邮件系统。某些互联网服务提供商，允许使用其中的任意一种。每种类型的电子邮件都有优点和安全关注点。

关于基于 Web 的电子邮件，最大的争论之一是它绕过了许多为电子邮件制定的安全措施。公司网络往往在电子邮件服务器端，设计了用来在恶意电子邮件到达终端用户之前，捕捉和阻拦反病毒扫描程序。现在也有一些有特色的过滤器，可以阻拦可能含有恶意代码的文件附件。如果电子邮件通过 Web 传输，而不是通过为电子邮件预先定义的渠道传输，这些安全措施全都会失效。

只访问个人电子邮箱，或者至少在雇主的网络上，通过 Web 访问个人电子邮箱，这样的行为是需要通过一些策略或手续来进行管理。需要检查确定这样做不会违反任何规定。

从积极的角度看，知名的、大型的基于 Web 的电子邮件提供商（例如雅虎和 Hotmail）为电子邮件系统提供了病毒保护。然而，在自己电脑上运行反病毒软件也是十分必要的，因为电子邮件是恶意软件传播的惟一途径，这样做至少显著地降低了通过基于 Web 的电子邮件系统接收到被感染文件附件的风险。

POP 3 电子邮件是另一个主要被家庭互联网用户采用的标准。像 Outlook Express、Eudora 和 Netscape Mail 等软件，能用来下载和浏览来自 POP 3 账户的电子邮件，就是 POP 3 电子邮件的代表。当安装客户端软件的时候，需要提供一些信息，如用户名、口令和收发件邮件服务器，这样软件才能验证账户，并且收发电子邮件。实际上，此时信件已经从电子邮件服务器传输到电脑上，而不仅仅是在一个 Web 页面上简单浏览邮件。

不管使用的是基于 Web 的还是基于 POP 3 协议的电子邮件系统，以下是必须意识到的安全关注点。发送一封没有加密的电子邮件，与把你的想法写在明信片上并将明信片邮寄出去在安全性方面是等同的。你会把银行账号、社会保险号码或是其他个人机密信息写在一张明信片上么？这个明信片从你这里发到指定目的地，途中能被所有人看到。如果不想把信息与大众分享，就不应该把信息通过电子邮件发出去。电子邮件并不是天生就安全的。它很方便快捷，但是并不安全。

假冒地址

对于许多当今电子邮件的用户来说，最困惑的事情之一就是假冒的电子邮件地址。到现在为止，绝大部分人都经历过接收一封感染了某些类型恶意软件的电子邮件，而这些邮件看上去是来自他们的表亲、最好的朋友或母亲。但是当你联系并询问他们为什么给你发送电子邮件，或是让他们知道他们正在发布被感染的电子邮件时，你会发现事实上他们从未发送过那封电子邮件。

绝大部分用户也曾有过相反的经历。你接到来自朋友的一封电子邮件或是一通电话，问你为什么给他们发送一封被感染的电子邮件。收到一封来自某些邮件服务器的自动回复也是很普遍的事情。这些自动回复的邮件是让你知道发送的邮件包含有病毒或是蠕虫病毒，或是所发送邮件到的用户不存在。

所有的这些都是假冒 IP 地址的例子。如果我发了一封信给某个人，可以很简单地在寄件人地址栏署上任何选择的名字和地址。如果我署上你的地址作为寄件人地址，则不能发送的邮件会被送回给你，而不是我。改变或是伪造电子邮件的地址信息是同样容易的。

使用 Microsoft Outlook 时，可以在寄件人那栏输入一个地址，也可以修改回复地址，从而使得电子邮件看起来是来自一个不同的源地址，任何回复会被送回到源地址。在一个公司网络上，这样做并不是很容易。因为，事实上公司网络会检查邮件，判断是否被许可代表试图使用的电子邮件地址发送邮件。然而，可以简单地捏造一个不存在的电子邮件地址，即使它是在一个不存在的区域上，而且邮件的接收者也只能够看到这个地址。

几乎所有的接收者会看到邮件的源地址。回到那个传统邮政信件寄件人地址的例子，我也许能写一个寄件人地址，使得它看起来是一封来自加利福尼亚的信，但是邮戳上会有当地邮局的标志，这个标志标识了该邮件到底来自哪个城市哪个州。类似地，每封电子邮件的头部都包含关于真实来源的信息。

在 Outlook Express 中，可以在电子邮件上右击，然后选择"属性"选项来显示邮件的信息。如果选择"详细信息"选项卡，可以通过单击"邮件来源"按钮来查看邮件来自哪个服务器和 IP 地址的详细信息。可以在 Microsoft Outlook 中通过在邮件上右击，然后选择"选项"选项查看互联网头部以看到类似的信息。

如果电子邮件服务器中的反病毒程序没有配置成自动回复发送者，以上方法有助于解除困惑，阻止无用的信件阻塞用户的电子邮件收件箱。原本这是个好主意。一封礼貌的信件应被发送至邮件的发端来通知他们：他们发送了一封被感染的邮件，也许他们需要更新反病毒软件或是扫描系统来确认不会继续宣传恶意软件，而不仅仅只是阻拦或清除电子邮件。

然而，在去年或者更长的时间里，病毒和蠕虫程序几乎一直在修改电子邮件的源头地址。一旦系统被恶意软件感染，这些恶意软件就对系统进行深入扫描来寻找用于传播的地址，以及能够用于假冒的源地址。它们不仅仅只在标准地址簿文件里查找，也扫描因特网临时文件，以及其他类似的数据来找到嵌入在 Web 页面里的地址。

当收到了一封邮件时，给发送者的一个回复信息，这样做是"礼貌"的。但是，这样做也带来一些问题。如前所述，这会使一些无辜的用户感到迷惑，认为他们的电脑也许被感染了，或是想知道他们为什么或是如何发送一封电子邮件到那样一个地址。

需要知道的最重要的事情是，电子邮件的源地址是不应该去信任的。如果具备一定的知识，几乎一封电子邮件头部的每一个部分都能被修改。像发送者电子邮件地址和回复电子邮件地址这样的区域，可以很简单地被修改，只需用某些电子邮件应用程序输入一个新的就行了。

谨慎行事，在选择打开一封电子邮件前运用一些适量的常识。即使它看上去是来自你的兄弟，如果邮件的标题或本身似乎有些可疑，最好是宁愿犯错也要选择谨慎，直接删除。当收到一个被假冒成你的电子邮件地址的回复或是自动回复，也应该把它们删除。

垃圾邮件

我们都已经听说过垃圾邮件了。这些可不是什么好东西，它是电子邮件中的废料。几乎所有拥有电子邮件账户的人，都习惯了收到这样的一些信息：给他们的房贷再融资的机会、在互联网上购买低价"伟哥"等商品的机会、勾搭上某些所谓的盲约会，以及一堆其他的不请自来的商业营销行为。

大多数公司和许多电子邮件程序，现在都有了过滤电子邮件以尝试阻拦垃圾邮件的功能。这样做可以使你不会为这些垃圾邮件而感到烦躁。你也能用一些第三方程序来阻拦垃圾邮件，使其无法到达电脑。一些个人电脑安全软件产品，如诺顿的互联网安全套装或 McAfee 互联网安全套装，将垃圾邮件列为安全威胁之一。这些安全产品可以保护用户不受其垃圾邮件的侵害。

如讨论的大多数其他安全措施一样，如反病毒软件和入侵检测，阻拦垃圾邮件的过滤器在某种程度上也是一种被动反应式的措施。许多垃圾邮件过滤应用软件，都是使用一个"点系统"来决定一封电子邮件是否是垃圾邮件。它们能阻拦已知的发布垃圾邮件的源地址或是 IP 地址，也能扫描所收到邮件的标题和主体，查找如"伟哥"或"再融资"这样有可能出现在垃圾邮件里的关键字。这样的关键字在一封邮件里出现得越多，就越有可能是垃圾邮件，然后因此被阻拦。

尽管如此，垃圾邮件过滤器还是会有一些问题。有时，发给你的合法信件可能会被垃圾邮件阻拦软件过滤或隔离。同时，某些垃圾邮件仍会穿过过滤器。当发生这种情况时，可以对过滤器进行管理与设置来更加高效地使用垃圾邮件过滤软件。

垃圾邮件的传播者会继续发明一些新的方法来规避垃圾邮件过滤器，确保发送的垃圾邮件到达人们收件箱，不管是否喜欢。其中的一种伎俩是，在垃圾邮件里包含大量无意义的词来摆脱点系统。垃圾邮件中这样的词越多，垃圾邮件触发器中该词所占的百分比就越小，从而邮件就能通过点系统的扫描。另外一种伎俩是使用"黑客语言"，这种方法将真实的词进行替代，成为看上去与正常信件相似的替代字符。例如，你常能看到垃圾邮件里"Viagra"被拼写成"v1@gr@"或是类似的别的样子。有时候，其他字符也许会被插入到拼写里，就像"v-i-a-g-r-a"。这些都是被设计用来对付垃圾邮件过滤软件的伎俩。

Outlook Express 在垃圾邮件保护方面并没有提供太多的东西。它可能会阻拦来自特定发送者或是整个域的邮件。但是这两种方法都存在局限。通过阻拦单个发送者来阻止垃圾邮件，如同用网来尝试堵住水一样；通过阻拦整个域来阻止垃圾邮件，类似为了杀死一只苍蝇而拆除一幢房子。

Outlook，至少 Outlook 2003，提供了明显改善的垃圾邮件过滤功能。垃圾邮件过滤器默认是开启的，被设置成低等级时，可以用来避免产生太多的误过滤错误，减少过滤掉合法邮件的可能性。如图 6.1 所示，可以向 4 个垃圾邮件过滤器列表中的任意一个添加地址：安全发送者、安全接收者、被阻拦者等。如果一封邮件是从安全发送者名单上的某个地址接收到的，邮件会通过过滤，哪怕它有可能无法通过垃圾邮件检查。也可以通过配置垃圾邮件过滤器，允许只接收来自安全发送者或安全接收者列表上地址的邮件，这样做可以为电子邮件提供一个额外的安全等级。从效果上来说，此时创建一个邮件的地址列表，这个列表相对较短，且确实需要从该地址列表收到信件。不必一个一个地将所有不希望从其收到电子邮件的地址放入黑名单。Outlook 的垃圾邮件选项功能允

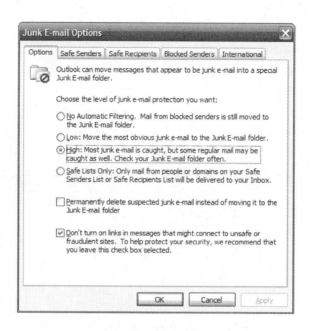

图 6.1　Outlook 的垃圾邮件选项

许选择确认垃圾邮件的严格程度和如何处置垃圾邮件。

2003 年，美国国会通过了 CAN-SPAM 法案。CAN-SPAM 是"控制未经许可的色情和营销之骚扰"（Controlling the Assault of Non-Solicited Pornography and Marketing 的英文缩写）（华盛顿地区的一些人，很有可能从税收中得到了不菲的薪水，来确保法律都拥有一个与一些有趣的词相关的名字，如 CAN-SPAM。又如，USA-PATRIOT 法代表"提供所需的适当工具来团结和加强美国拦截和阻挠恐怖主义"，即 Uniting and Strengthening America by Providing Appropriate Tools Required to Intercept and Obstruct Terrorism）。尽管表面上看这个法案是为了减少或限制垃圾邮件而颁布的，事实上在限制垃圾邮件的同时，为垃圾邮件作为一种营销方式的合法化做出了很大贡献。

可以这么说，CAN-SPAM 法确实做了一些事情，为电子邮件合法营销提供了合法化的规则。CAN-SPAM 要求，垃圾邮件传播者为接收者提供某些确认方法来选择不接收任何以后的邮件，要求在传输邮件的过程中不得使用欺骗手段。它要求所有的电子邮件广告都包含一个有效的回复地址、传统邮政地址、一个标题栏，以及正确的电子邮件头部。它为任何没有遵守这些条条框框的营销者提供了罚则。

本质上，在这个法案下，只要提供合法的回复地址和传统邮政地址，为接收者提供一个不接收任何以后邮件的方法，公司仍旧可以利用垃圾邮件淹没互联网，退订垃圾邮件的责任就落到用户身上。在欧洲，反垃圾邮件的法案则用相反的方式运作，要求在商业广告发送前让用户选择接收。

工具和陷阱

垃圾邮件僵尸

宽带互联网服务提供商 Comcast 拥有大约 600 万的订制服务用户。在这 600 万订制服务用户中被发现安装了垃圾邮件僵尸软件，这些软件每天发送超过 7 亿封垃圾邮件。

尽管有些互联网服务提供商（如 Earthelink）简单地将来自用户的、使用端口 25 传输的流量阻塞。但是，这个方法也可能会阻拦网络中的某些合法邮件服务器。

2004 年，Comcast 实施了一种稍微不同的政策。Comcast 选择并确认一些源地址，并秘密地给调制解调器发送一个新的、用于仅阻塞源地址的端口 25 的配置文件，而不是阻塞所有端口 25 的流量。

这种使垃圾邮件合法化的政策带来了 3 个突出的问题。第一，所谓的合法垃圾邮件制造者，会继续向用户用发送其难以承受的垃圾邮件，只需确保他们在法律的条框内做这些事情。第二，尽管绝大部分垃圾邮件源自美国境外，该法案只能合理地应用于美国境内的公司或个人。第三，这种尝试通过合法化来控制一个行为的举动是基于这样一个假设：假设涉及该行为的各方都将遵守法律的约束。

上述最后一个问题已经被垃圾邮件僵尸的爆炸性发展所证明了。2003 年，威胁电子邮件通信的两个洪水猛兽：垃圾邮件和恶意软件，融合成为像 Sobig 那样的病毒，在不告知拥有者的情况下，把自己向未经保护的电脑传播，致使数百万电脑变成了垃圾邮件服务器。一般地，称这些木马垃圾邮件服务器为垃圾邮件"僵尸"。其含义是：通常情况下，电子邮件服务器是死的，直到控制木马程序的攻击者将它们激活，并且开始使用它们生成数以百万计的垃圾邮件，电子邮件服务器才开始工作。

这些垃圾邮件僵尸软件使得那些肆无忌惮的垃圾邮件传播者，每天持续发送成千上万未经许可的商业邮件，完全不考虑 CAN-SPAM 法案，也几乎不在乎邮件可以被追踪回真实的源头。成千上万的计算机在攻击者的控制之下，也就意味着这些垃圾邮件发送者，事实上拥有无限的处理能力和网络带宽来实施攻击。

除了使用垃圾邮件过滤器或第三方垃圾邮件阻拦软件，也可以采取其他的一些措施来尝试避免让垃圾邮件挤爆你的收件箱。首先，应该创建一个单独的电子邮件账户，该账户只为互联网表格、注册之类等事情使用。此后，不管地址是如何被泄漏的，是被买下了、被偷了或者仅仅只是被留给该地址的公司不恰当地使用了，有很多的机会使得这个电子邮件地址从开始上网开始，就会不断地收到垃圾邮件。通过为这些用途使用一个单独的电子邮件账户，就可以缩小垃圾邮件能去的范围，并且让垃圾邮件远离个人电子邮件账户。

能做的另一个事情是，在各种各样的情况下输入电子邮件地址时，使用字面词"at"，而不是@符号。许多垃圾邮件公司，采用自动的方式在 Web 上进行电子邮件地址的搜索。让一封电子邮件发送到 tony（at）computersecurityfornongeeks.com，根本不会发送成功，那么这样的地址也很有可能从电子邮件发送者的数据库里被移除。有些网站可能会要求输入一个有效的电子邮件地址，但是如果想规避这个，应该试试"at"这个词加上括号或是破折号之类的。

当然，采取的、用于帮助控制垃圾邮件这一洪水猛兽的最佳措施是永远都不要回应它，永远都不要从垃圾邮件消息中购买任何东西。在报纸上或是在电视上打广告的成本会很昂贵，但是发送数以百万计垃圾电子邮件的成本是微不足道的。只要上百万人中有一两个回应且买了，对于垃圾邮件发送者，这就意味着垃圾邮件战役是有利可图的。只要垃圾邮件能工作并为垃圾邮件发送者产生利润，他们就会继续这样做。

网络欺骗与网络钓鱼

如果曾经有过使用过电子邮件的经历，也许收到过一封如下的电子邮件：

如果收到一封标题为"Bedtimes"的电子邮件，立即删除，不要打开。很明显这封邮件是肮脏的。它不仅会擦除硬盘上的所有东西，还会删除所有离你电脑 20 英尺内的磁盘上的东西。

它会将你所有信用卡上的磁条消磁。它会改写你的 ATM 访问码，会锁住录像机上的磁道，用子域谐波将任何尝试播放的 CD 归零。它会通过程序，使你的电话自动拨打900 个号码。这个病毒会在你的鱼缸里混进抗冻剂。

它会让你的厕所在你洗澡的时候不断冲水。

它会喝掉你所有的啤酒。上帝啊，你在听吗？它会在你聚会的时候把脏内裤留在咖啡桌上！它会用 Nair（一种脱毛膏）替代你的洗发水，用 Rogaine（倍健，一种外用生发水）替代你的 Nair。

如果"Bedtimes"邮件在 Windows 95/98 的环境下被打开，它会把厕座一直开着，把吹风机置于一个装满水的浴缸边，并且插在插座上。

它不仅会把你床垫和枕头上的禁止标签移除，还会往你的脱脂牛奶里兑满全脂牛奶。

*******尽可能多地警告人们！

发送给每个人。

前面这些实际上是一个恶作剧中的恶作剧。但是世上从来就不缺乏以欺骗为目标的电子邮件。也许你听过这样的故事，关于比尔·盖茨如何测试某种秘密的新的电子邮件追踪程序并按照传递的邮件地址，支付一些钱的恶作剧电子邮件？或者也许得到过关于价值两百美元 Nieman Marcus 曲奇饼食谱的提示？

有些电子邮件恳请将其发送到整个地址簿，否则厄运将会降临到头上，并且电脑会遭受灾难性的崩溃，这样的邮件毫无疑问是恶作剧。应该确保做了所有基础的安全工作。这里有更多的一些最流行的连锁电子邮件恶作剧方式，可以直接删除。这样做可以保护其他人，使人们不需要再去阅读它们：

■ 没有任何婴儿食品制造商会因为这类活动符合国际法而签发支票。

■ 虽然将收到的电子邮件转发给了认识的每个人，迪斯尼不会因为你的工作而提供任何免费假期。

- MTV 不会给任何传递邮件给更多人的家伙提供后台通行证。
- 这个世上没有连环肾脏盗窃案件。也没有人在一个装满冰块儿的浴缸中醒来，发现自己的肾脏被人神秘地弄走了。
- 在国会，没有互联网使用税法案待审。

这个列表充斥着越来越多的恶作剧电子邮件连锁信件。其中一些已经在全球传播了数年。某些细节稍加变化，然后又再次开始在互联网上流窜。大部分这类邮件除了浪费网络带宽和时间以外，并不会有其他危害。一个特别执着的此类信件，也许会造成一些轻微的危害。

泰迪熊或是 JDBGMGR 恶作剧已经流传了好一阵儿了。邮件从一个朋友传到另一个朋友，直到让你知道事实上你也许已经感染上这个可怕的泰迪熊病毒了。这个信件有许多变种，但是其要点如下：

大家好：我今天刚刚从我地址簿上的一个朋友那儿收到一封邮件。他们的地址簿感染上了一种病毒，它会被传到我的电脑上。这下轮到我的地址簿被感染了。

病毒文件名是 jdbgmgr. exe，自动地通过 Messenger 和地址簿传播。这种病毒无法被 McAfee 或诺顿侦测，会在毁灭整个系统之前潜伏 14 天。它可以在擦除电脑文件之前被删除。你可以按照以下方法删除。

然后它就让你确切地知道，在哪里可以找到这个阴险的文件。你瞧，这里还真有一个有泰迪熊图标的文件。需要注意的是，这个有泰迪熊图标的 jdbgmgr. exe 文件是一个随着许多版本 Microsoft 视窗操作系统安装的标准文件，而不是一个感染了病毒的文件。

不可避免地，某些人会收到这封邮件后，觉得应该尽快与认识的每个人分享这些信息。那些人中的一两个也会被这个恶作剧愚弄，将它向整个地址簿传播，然后多米诺效应会继续下去。

有一些方法可以使你警醒并远离这些恶作剧。首先，当发现邮件的收件人一栏中有 10 个以上地址时，就要小心了。人们很少需要同时把邮件发送给那么多人。

如果一封邮件是转发转发转发，转发了 5 次才来到你这里，那么这极有可能是一个恶作剧或者一封连锁邮件。如果你收到一封邮件，要求立即转发给所有认识的人，即使它声称内容是可靠的，经某著名机构认证的，也极有可能是个恶作剧。事实上，越是声称安全可靠，越能证明确确实实是一个恶作剧或者连锁邮件。

你要坚信，没有任何一封正常的邮件会要求必须转发给所有认识的人。当对一条信息存有疑问时，可以在恶作剧病毒库中查询。这种病毒库网站有很多，例如，Snopes（www. snopes. com），About. com Antivirus Hoax Encyclopedia（http://antivirus. a-bout. com/library/blenhoax. htm）或者任何一个杀毒软件的网站，例如，McAfee（http://vil. nail. com/vil/hoaxs. asp）。即使在相关的网站上找不到有用的信息，也不应该把它转发出去，而应该发给网络服务提供商，寻求技术支持或者客户服务。

网络钓鱼是一种不同的，并且更为恶毒的邮件骗局。网络钓鱼是钓鱼一词的改写，意思是将一封具有诱惑性的邮件发送给很多人，然后等待看有多少天真的用户上钩。网络钓鱼典型的目标是要获取用户在金融网点的用户名和口令，例如，银行账号或者贝宝（PayPal）账号，以侵入账户非法转出资金。

网络钓鱼这种骗局一般都极其精细。攻击者会精心制作一个极其专业的、尽力模仿目标网站的页面。2004 年初，Gartner Group 针对一起重大的网络钓鱼事件进行了报道。据估计，卷入网络钓鱼的人数已经接近 200 万。

在网络钓鱼的骗局中，通常会有一个精心制作的目标公司网站的复制品。以往出现过的网络钓鱼骗局涉及的公司有百思买（Best Buy）、美国在线（AOL）、易趣（EBay）、贝宝（PayPal），以及花旗集团（Citigroup）。有了这个精致的复制品之后，一封邮件就会发送给成千上万的用户。这封邮件也同样经过精心地制作，看起来就像真的来自于目标公司，并且会有一个指向恶意的复制品网站的链接。用户会被要求输入一些如用户名、口令、银行账户，以及其他一些私人机密信息。当入侵者获得这些信息之后，就会进入账户，将钱转入他们的账户。

一般情况下，用户会受到保护，而金融机构将承担网络钓鱼受害者可能遭受的损失。用户们确实应该有点头脑和常识。事实上，入侵者并没有"偷走"什么，因为所有的信息都是用户们自愿贡献的。

想要辨别一个网络钓鱼骗局是很困难的。邮件诱饵和网站的复制品，通常情况下都做的非常专业。保护自己的最好方法就是要切记，没有哪家著名企业会要求在他们的网站上输入用户名、密码及其他一些个人信息。

任何情况下，都不能使用邮件中的链接来打开一个公司的网页。现在比较流行的对付网络钓鱼的方法是，当收到可疑的邮件时，立即关闭这封邮件，并且亲自登录公司的网页找出如何与客户服务部联系，以获得更多的信息。

当然，这个方法依然有其不足之处。不但不能用邮件中的链接，而且要完全退出邮件并关闭浏览器。入侵者可能用了其他一些恶劣的方法诱骗连接到假冒的网站上去。当完全退出邮箱，并且关闭所有的浏览器之后，就可以重新打开一个新的浏览器来连接打算访问的网站。

小结

对于大部分个人电脑用户来说，电子邮件是一项重要的功能。本章讲述了与邮件相关的威胁，以及如何避免威胁，保护电脑安全的知识。

本章简短地介绍了邮件的历史之后，讨论了邮件的附件问题，以及如何保护自己远离恶意附件。我们还涉及基于 Web 的电子邮件系统与基于 POP 3 协议的电子邮件系统的危险性。你学到了如何过滤垃圾邮件，如何分辨邮件骗局和网络钓鱼，以及如何避免成为受害者。读过这章之后，你可以分辨与邮件相关的威胁，并且有效地保护电脑，以便安全地使用邮件服务。

其他资源

更多邮件安全的信息参见下列条目：

- Hu, Jim. "Comcast takes hard line against spam." *ZDNetnews*, June 10, 2004 (http:// news. zdnet. com/2100-3513_22-5230615. html)

- Landesman, Mary. *Hoax Encyclopedia*. About. com's Antivirus Software Web Page (http://antivirus. about. com/library/blenhoax. htm)

- *McAfee's Hoax Database* (http://vil. nail. com/vil/hoaxes. asp)

- McAlearney, Shawna. "Dangers of zip Files." *Techtarget's Security Wire Perspectives*, March4, 2004

  (http://searchsecurity. techtarget. com/qna/0, 289202, sid14_ gci953548, 00. html)

- *MessageLabs Intelligence* 2005 *Annual Security Report* (www. messagelabs. com/ Threat_ Watch/Intelligence_ Reports/2005_ Annual_ Security_ Report)

- Snopes (www. snopes. com)

第 7 章
网络冲浪的隐私和安全

本章主要内容：

- 万维网的变革

- Web 安全的关注点

√ 小结

√ 其他资源

引言

正如所知，历史上的许多发明和发现从根本上改变了这个世界。从车轮到印刷、电灯、飞机，这些发明成为历史的转折点。

在现代，万维网的创建被证实是个奇迹。过去10年里，它改变了人们的工作、学习、购物、娱乐的方式，也在改变人们的交流方式。它创建了新的完整的商业模式、新的税收体系、职场的新领域。网络使得每个信息都可以通过单击一个链接来获取。随着印刷术的出现，更多的普通人都减少了书写工作，网站的飞速发展以至于眨眼就可以记录一种思想。简言之，万维网改变了世界。它创建了新的方式去管理财政事务、实施研究、实行拍卖，以及购买汽车。然而，随着网络的出现及其带来的便利，新的犯罪也随之出现：计算机犯罪。本章将讨论网络安全方面的问题，以及联机的时候怎样保护计算机。

万维网的变革

网络使购物形式有了很大的改变：大部分商品都可以通过简单地单击来支付。可以对比不同来源的产品的信息和价格，以便做出购买的决定，并且确保获得更满意的价格。尽管不是每件商品都可以通过网络去支付，如汽车，但仍可以在选择之前通过网络对比其性能、价格、售后服务等。

网络使得个人理财的方式发生很大改变：可以把资金从银行账户转到投资账户进行投资。可以支付账单而无需通过信件，也无须支付邮资。可以不通过经纪人去研究投资机会并购买或抛出股票和基金。

网络改变了教育：孩子们可以在很多场所做有教育意义的游戏。成年人可以通过网络完成大学课程并获得学士、硕士甚至博士学位。不同年龄的人都可以使用它进行学习和研究。过去花费好几个小时去图书馆在书籍和杂志上查找的信息，现在通过 Google 或其他搜索引擎只需要几分钟就可以获得。

不幸的是，网络也使犯罪有了变革。互联网和万维网给人们带来新的服务和大量的信息。但是，像计算机软件，尽管对使用者有益，同时也会有破坏的一面，网络的许多便利之处也会被不怀好意的人用来窃取用户的私人信息或破坏他们的计算机。

你知道吗？

Bloomberg 的闯入

发生在 2000 年的一个众所周知的敲诈案，两个来自哈萨克斯坦的电脑黑客进入 Byzantine Bloomberg 的计算机网络，用破坏、窃取数据的方式来勒索 200 万美元。

成千上万的财政机构和经纪人根据 Bloomberg 的计算机系统里的数据来投资数十亿美元。如果这些信息被毁坏、窃取或改变，那将是一场灾难。

即使 Bloomberg 轻易地支付了这次的勒索，也不能保证攻击者不会毁坏网络或再一次索要更多钱。公司的 CEO，Michael Bloomberg 偷偷地带着警察去了给罪犯交钱的地点。警察当场抓获了这些黑客。

敲诈案有了个好的结局，但是仍然遗留着一个问题。另外，很难知道这样的事情多久会发生一次。许多公司宁肯支付一些钱来保证计算机网络信息的安全，以便维护消费者对公司的信心。

首先，互联网和万维网创建了一种完全的新形式的敲诈形式：电脑化的敲诈。所谓敲诈，就是使用违法的暴力或胁迫去得到某些东西。本质上讲，敲诈某人，就是威胁他们如果不满足敲诈者的要求，将会有可怕的结果。典型的电脑化的敲诈是联系公司并索取钱财，否则将会入侵他们的网络、破坏他们的数据或暴露窃取他们客户的私人保密信息。黑客通常会向公司威胁发动一些拒绝服务攻击，当要求未满足之前，经常会使受害人的网络停止服务。

电脑化敲诈一般不会直接影响个人用户，除非私人保密信息恰巧在被盗窃数据之内。然而，网页的某些特征，既可以为用户提供更多便利，也可以在没有防备的情况下有更多攻击。这些网页特征包括一些语言和工具，这些工具可以制作出浏览信息的网页。

HTML（Hypertext Markup Language，超文本标记语言）是制作网页的核心语言。HTML 可以定义不同字体和为文本添加颜色和图片，还可以给网页配置属性，但是 HTML 是静态的。为了提供客户化信息和交互式内容，许多网站使用控件来控制脚本语言，例如，JavaScript 或 VBScript。这些小程序允许网页与数据库信息交互，以提供更多的功能。然而，如果计算机上的这些小程序是为了定制信息，一个不怀好意的网站会在你的计算机上执行小程序来安装木马或其他病毒。

下面介绍一些网络使用中的一些安全漏洞，以及怎样使计算机系统远离这些威胁。

Web 安全的关注点

面临的威胁是什么，应该怎样应对？这些威胁伪装成不同类型，接下来介绍它们的形态。

Cookies

谁不喜欢饼干？我喜欢各种饼干。我尤其喜欢自制的巧克力夹心饼干。但这些饼干并不是我们本章要讲的 cookies。我们要讲的 cookies 是另外的一种事物，也不是一件值得高兴的事情。

Cookies 的基本概念不是病毒，不是安全涉及的内容。基本上讲，cookie 是简单文本文件，是被网络服务器用来存储用户信息和网站的一些用户操作。利用 cookies，网络服务器可以找回网页中的用户信息。

除了具有能够记住你是谁、一些个人信息，cookies 还能够帮助网站提取以下的信息：用户访问网站的频率、在该网站上的停留时间、访问了什么网页。这些信息能够帮助他们设计出满足用户需要的网站。Cookies 还可被用于跟踪一些喜欢的广告信息，或跟踪哪些广告已经给你显示过。

如果你在线注册了 Amazon. com 零售网站，它不仅记录每次访问的个人信息，还保留感兴趣的商品或过去购买过的货品，并根据以前的喜好倾向推荐其他货品。这些信息都是通过 cookies 来存储的。

Cookies 只是些简单的文本文件；它们不对系统做任何实际操作，恶意的或善意的。它们不包括病毒软件和间谍软件。它们不进入硬盘驱动或危害安全。Cookie 只是从网络服务器传送这个 cookie 的名字、cookie 值、cookie 的有效路径或范围、cookie 的终止日期及是否需要安全连接。如此，cookies 并不真正构成安全风险。

来自 cookies 的主要威胁是隐私而不是安全。网站和 cookies 除了通过用户告知信息，cookies 自身而没有其他方式去获得个人信息。许多网站要求用户在使用前要为其免费账户注册或提供基本信息。通常这是因为站点上的信息和资源是开放的，而这些站点的发布广告者需要知道访问量来衡量自己发布广告的价值。如何选择可以提供私人信息的网站，并明白其关于隐私问题的政策，这些都取决于你自己。

有一对不同的 cookies：会话 cookies 和持久 cookies。一个会话 cookies，如同它的名字一样，只存在于给定 Web 的会话期。会话 cookies 随浏览器的窗口关闭而消失。当第二次访问同一站点时，不会保留任何信息，或从上一个 cookie 获取信息。

与会话 cookies 不同，持久 cookies 却将用户信息存储在用户的硬件上，直到过期或是用户自行删除。Amazon. com 上的 cookies 是持久 cookies。它们帮助网站记录用户信息及其喜好，以便提供更适合用户的信息。

可以控制浏览器处理和使用 cookies。在 IE 浏览器里，单击菜单栏里的"工具"，选择"Internet 选项"并单击"隐私"选项卡。有 6 种选择，从接受全部 cookies 到阻止全部 cookies，和介于它们之间的其他选择（如图 7.1 所示）。

在网上冲浪的时候，许多个人防火墙产品都包括一些保护隐私的功能，包括限制 cookies。免费使用 ZoneAlarm 的基础版本没有 cookie 过滤和阻止能力，ZoneAlarm Pro 允许选择 cookies 的处理方式。可以选择是否阻止会话 cookies 或持久 cookies，是否允许第三方 cookies。它也允许删除一些类似用户 IP 地址、用户计算机名、登录用户名等私有信息。也可以选择持久 cookies 的终止时间（如图 7.2 所示）。

如果关注隐私，将 IE 设为阻止所有 cookies，似乎是符合逻辑的。这种方式是否会带来更多麻烦，取决于如何使用网络和访问什么类型的站点。许多像 BestBuy. com，HomeDepot. com 或 Target. com 这样的零售网站需要 cookies 来提供客户化信息。如果阻止所有 cookies，这些网站将不能工作。

IE 可以每站控制 cookies（如图 7.3 所示）。即使设置了阻止所有 cookies，也可以单击 Internet 选项里的"隐私"选项卡的"站点"按钮。此时，这可以覆盖默认的 cookies 限制设置，以及增加设置 IE 在特定领域里允许或阻止的 cookies。

隐私和匿名冲浪

隐私对某些人来说是个大问题。当然可以选择让什么公司、什么实体或什么个体看到私人机密信息。

不过，现实中的情况却不是这样。所有的公司都在收集用户的数据。不是他们企图

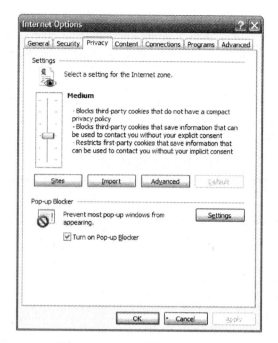

图 7.1 Internet "隐私" 选项卡

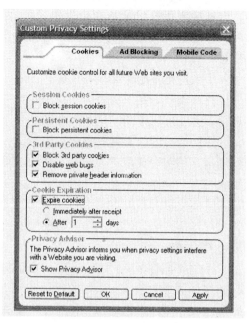

图 7.2 客户隐私设置

图 7.3 点对点的 cookies 控制

侦查你的信息，而是数据已成为一种商品，越多越好。

好像没有证件号码、电话号码或电子邮件就不能购买东西一样。为何一个卖给我 9 伏电池的电子零售连锁店需要我的人生故事和 DNA 样本，这对我来说仍然是个谜。经常有不是与我交易过公司给我打电话销售和发邮件广告。

当用信用卡购物或从取款机取现金时，有一条计算机信息记录了当时的日期和时间。杂货店统计了顾客的信息并跟踪他们的购买情况，并实行特别的折扣价。

通用汽车的 Onstar 可以提供这样的服务，在把钥匙丢在车里的情况下帮你开车门或在你遇到突发状况时得到帮助。这同样意味着，有人在特定的时间跟踪你的精确位置。

把人们留下的电子跟踪片放在一块，你就可以推想他们的生活了。早上用信用卡在星巴克买咖啡，在干洗店旁边打了一个电话，上班的路上用信用卡买汽油、信用卡支付皮萨，你就可以推断出这个人在哪儿、干什么，整个一天吃了什么。

这些数据的收集并没有侵犯隐私。它只是便利的一个代价、隐私和匿名的安全。用信用卡支付比用现金更方便。在任何地点和时间携带一个电话更方便。有了这些数据，别人可以在你遇到突发事件时知道你的确切位置。

许多收集起来的数据会影响你的安全、便利。那些收银员询问你的证件号码，一些折扣俱乐部提取你的购买信息对你没有好处。搜集的信息主要是用于市场。这些信息多数不是用来鉴定个人身份的。

通过收集有多少顾客来自某一个区域的数据，企业可以制定怎样实现最大效益的目标。数据采集的越多，市场的目标越多。根据消费习惯的相关信息来推断特定年龄段、特定种族、不同性别的喜好，企业可以更有针对性地做广告宣传。

这与你在浏览网页时被搜集的信息是类似的。这是一些从你计算机上可以获取的表面上无害的信息。当访问一个网站时，许多情况下，它们都有可能知道你的 IP 地址、城市、省、国家、你使用的浏览器、自打开浏览器后你访问过多少网页、什么信息被粘贴你的剪贴板上。

大多数情况下，这些信息都是无害的。早先，网站跟踪或收集这些信息是为了统计和买卖交易。如果他们知道大半访问者使用 IE，就会在那个浏览器上优化网页。如果企业知道多数访问者来自国家或世界的某个特定地区，就会做相应的市场宣传。

这只是一部分，如果合法的网站可以从你的计算机找回这些信息，则恶意的网站也可以。确定了你的 IP 地址和网页浏览器就足以攻击你。攻击者知道目标地址，并研究出怎样攻击浏览器的弱点。如果复制信用卡卡号、口令和其他机密信息到剪贴板上，这些信息就可能被攻击者获取。

有些信息很容易被阻止或删除。使用 DSL/调制解调器的家庭路由器进行地址转换，可以保护个人电脑上的 IP 地址。仍有可能找到路由器的网络连接的 IP 地址，不仅仅是鉴别连在路由器的个人计算机。其他个人信息很难阻止或清除，因此，仍需要有如 ZoneAlarm Pro 或 Anonymizer 这样的第三方产品。

Zone Labs 声称 ZoneAlarm Pro 在离开计算机之前从包头文件里删除个人信息。与其说 Anonymizer 是一款产品，不如说更多的是服务。通过使用 Anonymizer，所有网页访问请求都被 Anonymizer 服务器重新定向，这样做可以隐藏和保护个人信息。Anony-mizer 阻止网页服务器与计算机直接交互。

多数情况下，这些信息是无害的，但如果涉及隐私信息，用上述两种产品可以确保个人信息被保护。

在区域里获取

我多次提到过这样的事实，正是为用户提供便利而设计的程序能够被用来对用户进行攻击。在网上冲浪的时候，动态脚本就是这样的一种程序。

动态脚本是基本术语，可以包含脚本、小程序、在网页中可执行函数，可使网页有动态效果和交互功能。不管是简单信息（如在网页中插入当前日期和时间）还是复杂信息（如网页中的个性化日期），这些小程序都比静态的信息有更多功能。

下面这个例子中，document. write 可以动态加载。

```
<!--HTML File-->
<html>
    <body leftmargin=0 topmargin=0 scroll=no>
        <script src="sample. js"></script>
    </body>
<html>


//docwrite. js
document. write('<object classid="clsid:6B52A52-394A-11d3-B153-00C04FAA6">');
document. write('<param name="URL" value="sample2. wmv">');
document. write('<param name="autostart" value="-1"></object>');
```

显然，动态脚本程序可以与计算机进行交互。当访问一个网站并允许一个动态脚本执行，不一定知道网站会从你的计算机上找回当前日期和时间，可以显示在网页上，或许这样做会给计算机染上病毒或毁坏硬盘。

保护计算机不受病毒的侵犯的一个方法是确保"用户账号"没有管理权限。经常都是攻击当前用户有权限执行的动作。

一种更有效的办法是使动态脚本或控件不能运行在计算机上。这个办法有很大的弊端。许多网站需要动态脚本来实现其功能。IE 使用"安全区域"的概念来隔离网站，并且针对每个组运用一套规则。

为了配置安全区域，单击 IE 浏览器的工具菜单的"Internet 选项"。一旦 Internet 选项的窗口打开，选择"安全"选项卡。这个窗口显示了 4 个 IE 安全区域：Internet、本地 Intranet、受信任的站点、受限制的站点（如图 7.4 所示）。

每个区域都可以按预先定义的规则在 IE 浏览器里配置，可以创建客户安全配置。默认为受限站点区域是最高安全配置，Internet 区域其次，本地 Intranet 区域次之，可信任站点最低。

访问的多数站点会设为受限站点。除非这个网站属于你的局域网，或被设为可信任站点，默认都为受限站点。如果认为这个网站是安全的，仅需要较低地限制，可以把它加入"信任站点区域"。反之，如果遇到一个认为是恶意的站点，也可以通过将其设为"受限制的站点"以保护自己。局域网的任何站点属于本地 Intranet 区域。

如果不喜欢预定义的规则，或需要更多的安全和少的限制，可以定制适合自己的安

图 7.4　选择安全等级

全区域。可以从上面的 4 个选项选择任一个区域，然后单击"自定义级别"按钮。这个窗口中，可以设置 IE 与网页交互的任何方面，以及允许、不允许发生的动作（如图 7.5 所示）。

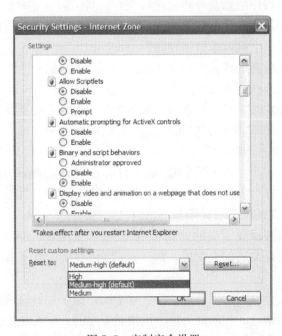

图 7.5　定制安全设置

可以选择设置启用和禁用各种脚本。可以设置为完全禁用、完全启用或提示后决定是否允许。可以选择怎样从网站下载文件、网站是否可以打开另一个窗口和其他一些设置。

多数情况下，预定义设置就够了，但为了增加安全性，可以设置 Internet 区域和动态脚本选项到禁用或提示的状态。这样做能够保护自己免受恶意脚本的攻击，至少在它们运行的时候，你能够意识到。

IE 的安全区域是一种有效的保护自己的方式，以免系统被未知的站点破坏。安全区域设置了也偶然会发生攻击，所以还得小心。

现在你知道怎样预防未知站点了，但能知道哪些站点是恶意的吗？下面的章节将进行讨论。

安全购物：SSL 和证书

我的第一个且是最好的建议是：在网上购物时，购物者要小心谨慎。不是说让你远离网上交易，我就在网上完成大部分的网购、网上银行及其他金融交易。但是为了尽量保证安全，应该知道一些基本防御手段。

当在零售店买东西并用信用卡付款时，会明显地感觉到自己在所在的这个商店交易。但是，在网络中购物要小心点。网站并不是实际中的商店或公司。

商店没有办法去核对你是否为声称的那个人。他们害怕客户用有问题的支票或假信用卡来支付，那样他们将得不到钱。取而代之，他们依靠第三方，一个可以信任的第三方来证明你的身份。多数情况，店员会问些问题来证实你是信用卡的真正主人。通常的鉴别方式是看驾照或其他有照片的证件。

网上购物时，这种"证明你是声称的人"的方法换成另一种方式。因为任何人都可以买域名建立网站，攻击者有时可以截断或试图改变网络连接，所以需要证明网站是合法的。典型的方法是，网站使用一种来自可信第三方的电子证书来证实身份。本质上就是，一个公司发放电子证书为一个网站担保。

当你从 Verisign、Comodo 或 Thawte 公司买数字证书的时候，需要向这些公司证明身份，否则将不会获得证书。作为消费者，我们可能会怀疑网站的合法性，但接受数字证书时接受了第三方的指令。

当今的主流浏览器（如 IE 和 Netscape）都有使用 SSL（Secure Sockets Layer，安全套接层）的能力。SSL 是一种协议，不仅能为网络服务器提供鉴别，而且能对在浏览器和服务器间的数据实行加密，同时还可以检查网络的流量，确保其没有被篡改。

如果网络服务器有有效的数字证书，网页浏览器可以通过 SSL 会话自动连接。如果会话经过 SSL 强化了安全，可以看到网页浏览器窗口的底部有个加锁的按钮。如果网络服务器没有数字证书，浏览器将建立一个常规的不安全的连接。然而，如果网络服务器有无效的、过期的数字证书或证书是来自浏

图 7.6　接受或不接受证书

览器不信任的站点时，则会收到一些警告是否接受证书的信息（如图 7.6 所示）。除非特别确定，不仅是拥有这个网站的公司是著名的公司，而且确定是其网络服务器而不是病毒，否则不可以接受该证书。

对于表面上安全的 SSL 连接，这里有一些注释。SSL 依赖于密钥。从 Web 服务器到 Web 浏览器传输的数据是采用 Web 服务器的私钥对数据加密。许多网页服务器存储私钥的地方都有可能被攻击。如果攻击者获得了服务器的私钥，就可以创建一个复制站点，而你察觉不到，因为数字证书是匹配的。他们也可以解密任何来往于那个站点的信息。

另一种值得考虑的情况是，恶意网站可以从可信第三方得到有效的证书。网页浏览器会建立 SSL 连接并显示加锁图标，但这些仅仅表明已经建立了 SSL 连接、以及你与网页服务器之间的信息交互是加密的；并不意味着这个网页服务器是安全的，所以仍需要确定连接对象的真实性。

金融交易

自从我有了金融业务，就一直使用 Intuit's Quicken 金融软件监管了银行账户和个人财务信息。当然，它是一个强大的工具，但仍需人的操作。每次从自动取款机取钱后都记录一下。每个月末汇总时，我都一条条去和计算机的数据区比较，确保它们都匹配。

近些年，越来越多的银行趋向于数字化了。可以实时查看自己每笔交易后的账户余额。可以单击金融软件，下载信息并分析数据。可以单击来完成资金的转移。

个人投资中也有同样的数字革命。像 E*Trade 和 Ameritrade 这样的在线投资网站很风靡，很快 Charles Schwab 和 Salomon Smith Barney 等传统的投资公司也开始建立在线投资。

在这些投资公司建立一个账户时，会获得许多同样的在线银行账户的功能。可以通过单击来实现投资的投资组合和买卖股票、证券、基金。这些网站还提供大量的投资研究报告和资源，帮助分析不同的投资产品和适合的投资组合。

实际上实施交易的每个公司都有在线功能。多数情况下，可以在公司的网站上支付房贷、车贷、水电煤气费、电话费、邮资和其他在线交易。即使有些公司不提供在线交易，许多银行也提供在线支付账单等服务。

所有这些服务都非常便利。不用离开座位，就可以把资金从现金账户转到定期账户，可以用金融软件分析银行账户。可以无需签写支票或邮寄就可以出售股票、购买基金和支付其他账单。眨眼间就会有成千上万的资金流通于因特网。当然，应该意识到其中的安全问题并提高警惕。

在网上银行、在线投资、在线账单支付的情况下，安全知识和预防与网上购物同样重要。需要确定访问的站点是安全的。银行、投资公司和其他在网上有金钱交易的公司都需要有效的来自可靠的第三方的数字证书。应该在操作之前检查浏览器上的加锁图标，以确保服务器传送的数据是可靠的。

大部分网站都使用惟一的用户名和口令来鉴定用户。SSL 连接和数字证书可以判断连接的服务器是否正确。用户名和口令是服务器用来验证用户是否有权限访问。选择一个安全的口令且确保用户名和口令不被窃取是非常重要的。任何人在获取用户名和口令后，都可以访问你的账户，并且可以执行所有的金融交易。应该在不同站点用不同的用户名和口令，一旦其中一个被攻击，攻击者也不能访问你的全部账户。关于口令方面的更多细节信息详见第 2 章。

另一个关于安全方面的问题是金融网站中不断出现的网络钓鱼事件。要明白，很多不知名的公司会通过邮件索要用户名和口令、账号、信用卡号或其他机密信息。如果收到一个和你有业务的金融机构的邮件，应该拨打客服电话或关闭邮箱及所有的网页，然后在一个新窗口中登录他们的网站。千万不要在邮箱里单击金融网站的链接。关于邮件钓鱼的更多内容详见第 6 章。

至此，你的财务信息会是安全的，但是你的孩子们呢？

内容过滤与儿童保护

网络是一种重要资源，既有趣又是一个可以提供教育的平台。如果知道怎样查找，那么网络到处都可以提供有价值的信息。网络上也有许多可疑的站点。也有些色情网站、宣传暴力的网站或企图传播病毒、通过安装木马来破坏计算机安全的恶意网站。

访问著名的、众所周知的网站的时候，如 cnn. com，espn. com，disney. com，best-buy. com 等，可以确定不会闯入有问题的或恶意站点。但如果用 Google 或雅虎这样的搜索引擎查找资料时，被搜到的这些站点将不一定可靠。

孩子们登录这些站点将会冒更大风险。孩子们使用互联网的方式不同于成年人。孩子们频繁登录的游戏网站、音乐网站有更大的风险。

如果无意识地访问了一个讨厌的不恰当的网站，可以忽略它，关掉浏览器窗口或访问另外一个网站。这些网站不允许孩子们登录。需要采取措施屏蔽这些网站，使孩子们安全地使用网络。

将网站显示在屏幕之前，许多产品可以有效地过滤网站内容。一些是免费的，像在we-blocker. com 能够下载的内容过滤软件，也有像 Net Nanny 这样的收费软件。

这些产品通常有两种方式工作。一些是从数据库里分出要阻止的不同类别。它将阻止在数据库里配置好的一切被过滤掉的网站。另一种方法是实时监测网页内容，并且查找被阻止网站的关键字或其他线索。一些产品是将这两种方法结合使用。

无论选择何种过滤产品，都可以按意愿去配置。限制的多少是因人而异的。应该确保该软件能对孩子起到作用，不能存在旁路绕过。通常登录账户需要口令，其他用户不可以更改配置。

如果想确定孩子们利用计算机干什么或需要有其他一些额外的保障，则安装一个Spector Pro 的监控程序。Spector Pro 可以监控所有邮件、即时聊天消息、键盘输入、访问的网站、应用程序和对等网络文件的传输，还可以阻止进入互联网。基于配置的网站，如同上面提到的内容监控程序。可以设置 Spector Pro 在别人不恰当地使用了计算机时，发送电子邮件提醒，可以在其他用户使用时安装这个软件，孩子们不会意识到这个软件的存在。

个人计算机用来上网有各种原因，这也占据了大量时间。网络上有无穷的新闻、信息、广告、娱乐和知识。如果保持基本警惕，就会安全地使用巨大的资源。

小结

本章介绍了随着网络迅速发展，我们可以在线购物、个人理财、教育等。同时，也存在一些潜在的风险。也学到了一些通过自己的努力来远离危险的方法。

其他资源

以下链接提供了更多网络隐私和安全方面的信息：

- *Do Cookies Compromise Security*? Webopedia. com（www. webopedia. com/DidYouKonw/Internet/2002/Cookies. asp）
- Moulds，Richard. *Whose site is it anyway*? Help Net Security. March 29，2004（www. net-security. org/article. php?id＝669）
- *Safe Internet. Anonymous Surfing and Privacy*. Setting Internet Explorer 6. 0. Home. zonenet. com （www. home. zonnet. nl/roberthoenselaar/a） SettingsInternetExplorer. html）
- Salkever，Aler. "Cyber-Extortion：When Data Is Held Hostage." *Business Week online*. August 22，2000（www. businessweek. com/bwdaily/dnflash/aug20000822_308. html）
- *The All-New Netscape Browser* 8. 12. Netscape. com（www. wp. netscape. com/security/techbriefs/severcerts/index. html）
- Weiss，Todd. "New Explorer 6 Active Scripting Flaw Reported." *Computerworld*. November 26，2003（www. computerworld. com/security-topics/security/holes/story/0,10801,87582,00. html）

第 8 章
无线网络安全

本章主要内容：

- 无线网络基础
- 基本的无线网络安全措施
- 其他重要的安全措施

√ 小结
√ 其他资源

引言

我家可以使用无线网络。我不擅长安装某种东西，因此，与其要我弄清楚网络的电缆线是如何通过路由器从厨房到孩子的房间，让电缆穿梭墙壁和地面，我想不如用无线设备取而代之。起初，我可以在任何一个房间使用笔记本电脑，但随着时间的推移，最后几乎用无线将屋子里的每台电脑都连接起来了。

无线网络提供了方便，具有很好的灵活性，比较容易安装。事实上，它们并不如看上去那么简单。不过一些无线设备几乎是即插即用设备，这或许就是为什么很多人都不阅读手册或做潜心来弄清楚如何加强空中的网络安全防护的原因。

今天我用笔记本来编写本书。因为我只是用电脑上的文字处理器，所以不需要连接网络。但当我工作时，我的无线网络适配器检测到此时的无线网络并不安全，并且有可能将信息传到别的地方。不幸的是，这似乎是很平常的一件事情，我们太需要网络安全来保护信息了。

本章将从两个角度来说明网络安全及其安全使用的步骤。首先简单介绍无线协议和技术，然后介绍如何有效防止家庭无线网络受到侵扰。最后考察使用公共无线网络时需采取的网络安全防护措施。

无线网络基础

思考无线网络是如何影响网络和电脑安全的。当使用有线网络的时候，大概仅有一种方式。如果在电脑和互联网之间安装有防火墙，那么电脑会避免大多数的侵扰。防火墙的作用就像一个交警，有了它的限制，进入网络只能通过惟一的接入点。现在在电脑上安装无线网络设备。不管是在电脑上装无线网络适配器，还是装无线路由器或接入点，结果都是相同的：你现在正通过空中电波散播信息。你的接入点现在都围绕你。远非单点接入那么容易被保护，现在你的接入点是三维的，围绕着你的，在多个层面存在。这些接入点可能位于隔壁房间、房子的旁门甚至路边。

你知道吗？

Wardriving

搜索可用的无线网络被称为"wardriving"。wardriving 这个词源于与其相似的活动：如通过自动拨号搜寻可用的调制解调器连接，或用自动拨号来确认什么和调制解调器成功的连接。

安装了无线设备和天线后，"wardrivers"将搜寻城市街区和相邻地带，并将其发现的无线网络进行编目。一些先进"wardrivers"还会将其发现的无线网络与全球定位系统相连，以找出每个无线网络确切的坐标。

多年来，有一批人致力于向人们说明无线网络的不安全性，提高人们无线网络安全问题的意识，他们组建了"WorldWide WarDrive组织"（WWWD）。4年后，他们转向其他项目的工作，但之前的努力的确已帮助人们高度关注无线网络的安全问题了。

如需了解有关保护渠道和无线网络安全方面的更多信息，可以查阅《Wardriving 和无线穿透测试》一书。

无线设备射程往往超过 1000 英尺的范围。如没有障碍物，其温度则在 75～78℉（23.8～25.5℃）之间 。事实上每月的第三个星期二，其范围会更接近 100 英尺。坐在客厅沙发上，查看邮件并观看棒球比赛时，如果数据可覆盖从电脑路由器到你所在位置整 75 英尺，那么你的数据则可以到达邻居房子 60 英尺的距离，或者在房前路边 45 英尺的距离。虽然标准的无线设备一般没有如此大的射程，但专门搜寻不安全的无线网络连接的"wardriver"，与 Pringles cans 和车库中常备的家用设备零件组装的家用超级天线与之配合，帮助其扩大侦测无线网络的范围。

花时间去了解无线设备安全特征、确保采用了维护无线网络安全的措施是非常重要的事情，这可以防止未经授权的用户跳转到你的连接。如果自己的电脑被黑客入侵，也许并不只是你是受害者，攻击者可以通过加入你的网络，对其他人的电脑发起攻击或其他恶意活动。攻击者会从你的网际网路连线，这就导致了有可能当地警察或联邦调查局会怀疑你，对你进行调查。

无线网络通过空中电波使用无线电或微波频率传输数据，并不需要电缆，这是非常方便的，而且灵活性很高，你可以将电脑放置在任何一个房间，无须用有线网络连接。它还提供自动漫游的能力，不会让你丢失网络连接。

为了连接到因特网上，需要一个标准 ISP 账号。不管使用拨号上网，还是 DSL 宽带连接，还是用电缆调制解调器，数据在通过电波传送前，定会以某种方式呈现在你的面前。具体的说，将 DSL 或电缆调制解调器连接到无线路由器，数据从路由器发送到空中电波中。如果电脑已安装了有线路由器，后又要添加无线网络，可以将无线接入点与有线路由器相连。连接到无线网络的任何一台电脑，都需要配置无线网络适配器，使无线协议与路由器或接入点相匹配。

目前应用的无线网络协议有很多种。目前为家庭用户常用的往往是 802.11b 或 802.11g 的设备与排在第三位相去甚远的 802.11a。虽然，家庭用户常用的往往是 802.11b，不过 802.11g 正在成为默认的标准，这主要由于其速度的增快和良好的兼容性，与现有的 802.11b 网络相适应。以下简要介绍几种不同的协议：

802.11b

无线网络设备是基于 802.11b 协议的，这是商务应用的起点。802.11b 提供传输速率高达 11Mbps，与标准的以太网网络相比极具优势，其设备价格相对便宜。此协议的不足则是它使用不规则的 2.4 GHz 频段，而许多家用电器如无绳电话和婴儿监视器等，也使用此频段。与其他家电互相干扰可能会影响或阻碍无线网络连接。

802.11a

802.11a 协议使用 5GHz 频段，这可以解释为什么 802.11a 的设备要比其他协议的贵很多。802.11a 有其优势，即其传达速率达 54Mbps；不过，高速传递使得其射程狭小，因而很难穿越如墙壁类的障碍物。

802.11g

该 802.11g 协议已成为时下新的标准。它将 802.1b 和 802.11a 的优势合为一体。它可以像 802.11a 传输速度一样快，快达 54 Mbps，也可以使用不规则的 2.4 GHz 频段，这使得其射程更广，并且可穿越墙壁和地板等障碍物，还有利于保持设备成本的低廉。802.11g 亦可与 802.11b 相适应，802.11b 无线网络适配器可与 802.11g 的路由器或接入点相连。

下一代协议

无线网络是不断更新和持续发展的。目前无线行业正开发出许多新的协议，如 WiMax、802.16e、802.11n 标准，以及超宽带。这些协议使家庭无线网络的发展速度成指数级增长，允许用无线连接到 ISP，甚至在移动的车辆中建立无线网络连接。

这里有些概念可能不会在短时期内投入应用，但也有一些已经以不同的形式投入了使用。大多数无线网络设备厂商已经开始生产一些 Pre-N 或 Drafe-N 的装置，这些器件是基于标准的 802.11n 标准协议，在使用 802.11n 之前协议的设备几乎已经停用了。使用新设备速度将会是 802.11g 的 12 倍，使用范围是 802.11g 的 4 倍。

一些主要的移动电话运营商，包括 Verizon、Cingular、TMobile 公司，都提供某种形式的宽带无线接入，这使得网络可以在任何地方覆盖到用户的手机。使用这样的运营商提供的服务，可以让无线接入随时、随地、无约束接入任意位置。

基本的无线网络安全措施

不论无线设备使用什么样的协议，都应采取一些基本的步骤，以确保其他用户无法连接到无线网络并访问系统或入侵你的互联网连接，供他们使用。

确保家庭无线网络安全

首先，改变要访问的用户名和口令并为无线路由器进行配置。大多的家用无线路由器都有一个基于 Web 的管理员接口。对内部网络默认的设备 IP 地址几乎总是 192.168.0.1。猜出制造商在设备出厂时默认的用户名和口令并不困难。由于设备通常默认的设置 "admin" 为用户名和口令为 "password"，就导致了即使有些人不懂得专业的入侵与攻击方面的知识，他们可能只是盲目地猜测用户名和口令，在不到 10 次，也就可以猜出用户名和口令。所以使用默认的 IP 地址和默认管理用户名和口令，无线路由器很可能被入侵，甚至是个新手都可以做到。图 8.1 是 Linksys 无线路由器的管理界面。这个界面允许访问路由器控制台的口令。

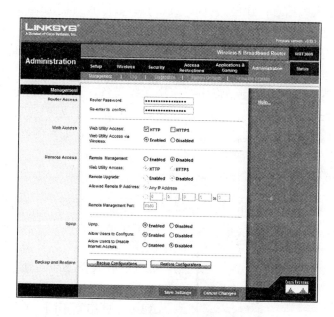

图 8.1　Linksys 无线路由器截图

务必要将用户名改为是自己独有的。不要将固有的用户名设定成系统管理员账户和口令，重新命名管理员账户，使它不会容易被任何人猜到。也要选择一个强口令，这样将不容易被猜到或破解。最后，如果有可能，应该改变内部的 IP 子网，192.168.x.x地址范围仅供内部使用。在很大程度上，在此地址范围内使用 192.168.0.x 作为子网的人，他们的地址很容易被猜到。可以使用从 0～254 中的一个随机数作为第三个八位，如选择一些像 192.168.71.x 的地址，给潜在的攻击者增加破解难度。关于用户账户和管理员隐私的细节问题见第 1 章。

记住，我们的目标就是使电脑难以被攻击或使恶意软件渗透进入系统。在一个具备专业知识的黑客面前，没有一种做法能够令网络 100％的安全。但是，把各个层次的防御到位，如复杂的口令、个人防火墙、防病毒软件和其他的安全措施，你就可以尽量使攻击者难以进行骚扰。

改变 SSID

另一个可以保护家庭无线网络的方法是不广播自己拥有一个网络。一些公共的或公司的无线网络可能需要广播出它们的存在，导致了一些新的无线设备可以检测并连接到它们。不过，作为家用无需如此，可以试图阻止一些流氓无线设备检测和连接到网络。

无线路由器或接入点有一个服务设备标识符（SSID）。基本上 SSID 的名称就是无线网络的名称。默认情况下，无线路由器和接入点，将播出的信号频率是大约每秒1/10次，其中包含 SSID 信息。这个信号能够由无线设备检测到并提供其需要的信息，这些信息有助与其连接到网络。

无线网络将很有可能只有少数装置。不靠这个信号，可以简单地手动为每个客户端输入 SSID 和其他有关信息，让他们可以连接到无线网络。检查无线设备产品随附的手册，要学会如何禁止广播 SSID。

设备往往会有一个默认的 SSID，而且往往就是制造商的名称，如 Linksys 的或与 Netgear 公司的英文单词。即使 SSID 的广播是关闭的，也不应使用默认的 SSID，这是非常重要的。因为只有极少数制造商生产家用无线设备，这样 SSID 就很可能在短时间内被破译出来，所以一定不要设定为默认的设置。因此，要改变这点，最好是把设置改成陌生的东西，因为如果很熟悉的事物是同样容易猜到的，如你的姓氏。

配置家庭无线网络

接下来，应该配置无线网络和任何无线网络设备的基础模式。有两种类型的无线网

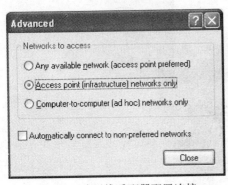

图 8.2　为无线适配器配置连接

络可用于设置：基础结构模式和 AD hoc。在基础结构模式的网络下，路由器或接入点是必需的，因为所有设备之间的连接是以它们为交通枢纽的。

Ad hoc 网络则不同，在这个网络下支持允许每个设备互联。正是由于经过这一切的努力，才会使路由器或接入点更安全。还需要确保，一般情况下不要在 AD 模式下配置无线设备，因为 Ad hoc 模式可能会连接到流氓无线设备，使得它们未经允许地访问到网络。

无论在基础模式或是 AD 模式下，或是两者结合的情况下，可以通过属性改变无线连接，单击在无线网络选项卡底部的"高级"按钮来配置无线网络（如图 8.2 所示）。

限制接入家庭无线网络

为了限制访问无线网络的另一种做法是，可以通过过滤进入你的无线设备的 MAC（媒体访问代码）来进行防范。每个网络适配器具有惟一的 MAC 地址可以用来作为标识。正如本章开始所述，网络将最有可能只有少数的设备构成，这样就不会需要太多的精力来将设备的 MAC 地址添加到你的无线路由器或接入点中，通过配置可以拒绝来自其他 MAC 地址的连接。

即使做了所有这些事情，网络也不是完全安全的。只是有了一定的安全保障而已。使用互联网上免费提供的工具，wardriver 可以将数据包在无线电波传输的过程中将其拦截，但这样做很盲目，因为这样做，无线接入点不再能广播出它的存在，毕竟这种方法是存在的。攻击者可以通过这种拦截的方式，获取网络的 SSID 和一个有效的 MAC 地址，从而能够进入目标网络。

在无线路由器中添加 MAC 地址，可以有效阻止其他设备的接入，从而保护无线网络（如图 8.3 所示）。

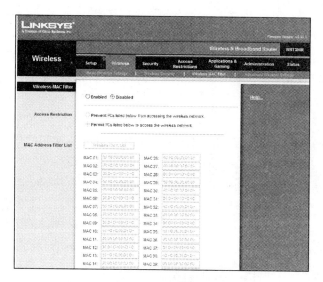

图 8.3　在无线路由器中添加 MAC 地址

在家庭无线网络使用加密

为了进一步保护无线通信，应该使某种形式的加密措施。无线设备制造商，正在紧锣密鼓的准备开始销售设备，在等待官方的 802.1x 的安全协议将成为标准化的同时，开始提出 WEP（Wired Equivalent Privacy）加密来提供一些安全。不过专家很快就发现，WEP 基本技术有一些缺陷，这使得网络比较容易受到攻击。

无线技术已经发展到新一代的 WPA（Wi-Fi Protected Access）加密，WPA 加密技术比 WEP 技术更有优势，但仍可以兼容使用 WEP 的设备。为了使用 WPA，在网络上的所有设备必须具有 WPA 能力。如果设备使用的是 WEP 的配置，该网络将无法使用一些改进的防范措施，网络可能仍有很多的弱点而容易被攻击。

WPA2 技术最近已出现，甚至可以取代 WPA。良好的设备是满足和支持 WPA 2 的重要前提。Windows XP Service Pack 2（SP 2）全力支持 WPA 2 的特点和功能，让无线网络安全达到更高层次，使无线网络客户争取达到相同的安全水平。

更专业的攻击仍然可以破解加密并窃取无线传输数据。这将是一些极有天赋的黑客，他们可以花足够多的时间和精力来找出 5 个不受保护的网络弱点来进行攻击。不能指望网络是 100 ％的安全，惟一能做的是将某种形式的加密与其他的预防措施结合起来，预防黑客和一些好奇的来宾账户进入网络。

更复杂的加密方案需要花费更多的处理能力来进行编码和解码，如果觉得没有问题，可以考虑用 40 位（一些设备上可能是 64 位）WEP 加密或 WPA 加密，不要使用128 位加密。它们之间的区别是好比锁定你的房子，用正常的锁或使用死锁。既然攻击者解破二者所需努力大致相同，那么可以选自己使用起来相对容易一些，并且仍可以阻止大多数用户访问无线网络的方式。

检查日志

大多数无线路由器保持设备使用日志。即使已采取所有上述步骤的，已经配置好了一个安全的无线网络，定期审查日志也是一个好习惯。可以查看无线路由器是否有任何无赖的设备侵犯过的记录。

其他一些应该考虑的因素，与家庭有线网络所采取的安全措施是大体上相同的，因为这是为有线网络或计算机安全的总体计划。应该先确认所使用的口令强度足够大，不容易猜中或破解，而且电脑安装使用个人防火墙软件来进行保护。

当谈到以确保无线网络安全的时候，我还有最后的一点建议：当设备没有连接到互联网时，它不能受到互联网上的攻击。也许考虑一个晚上或更长时间关闭无线路由器或接入点，以此来赢得更多的安全。但是如果有太多的用户试图访问因特网，每个人使用计算机的时间又可能不尽相同，所以要关闭无线路由器是不切合实际的。不过可以在不使用的时候关闭电脑，使其不会受到任何遭受潜在的威胁。

安全使用公共无线网络

公共无线网络，往往被称为热点，如雨后春笋般出现在全国各地。一些全国连锁店，如星巴克咖啡、边界书店和麦当劳，已开始提供无线上网的环境，而提供服务的正是 TMobile 或 Boingo 这样的一些公司。一些主要的连锁旅馆已经从拨号接入过渡到宽带接入，而现在其中许多也提供无线网络服务。许多机场和大学校园里有无线网络。每隔一个星期某个地方就会有新的网络方面的改善。

此刻，你正在家中惬意地网上冲浪，然而网络可能正处于危险之中。因为你在共享一个未知的网络，无法预知连接网络的安全性。你要做的事情是遵守一些简单的使用公共无线网络安全的规则，不管连接到什么样的网络，都要牢牢记住。

安装最新的防病毒软件

作为初学者，首先应确认已安装最新的防病毒软件，并且是最新更新的。如果不知道网络屏蔽是否能防止恶性软件的侵入，也不知联网的其他电脑是否在传播恶性软件，那么就需要确保操作系统和应用程序打好程序补丁，以帮助保护免受攻击。保护计算机免受恶意软件的攻击参阅第 3 章。

安装个人防火墙

电脑应安装个人防火墙软件。在不确知所连接的网络是否受到其他防火墙的保护的时候，也应如此。即使所处网络有防火墙保护，仍须安装个人防火墙，以保护不受外部网络的攻击，同时防范可能是来自共享的网络上其他电脑的侵犯。关于个人防火墙的详细信息参阅第 5 章。

作为计算机安全的标准规则，应该确保关键、机密和敏感文件受到口令保护。在一起攻击事件中，攻击者或黑客都能够渗透到计算机系统，当加入一个公共的无线网络时，首先要保护这些文件。务必限制用户的权限避免访问机密文件的地址，并且使用强口令，这样将不容易被猜到或破获。

工具和陷阱

AirSnarf

AirSnarf 基于 Linux 程序，说明了公共无线热点中固有的弱点，可以用来诱骗用户放弃用户名和口令。

AirSnarf 程序可以中断无线通信，使电脑强制断开无线网络。紧接着服务中断，AirSnarf 将弹出一个热点登录网页的副本，以吸引断开用户重新输入自己的用户名和口令重新连接。

坐在你旁边桌子或停车场喝冰镇饮料的人都可能操作这些程序，很难意识到究竟发生了什么。所以应该密切注意常使用账单的超支及费用，并且不断更改口令。

更重要的是，应禁用文件和文件夹共享。如果使用 Windows XP 家庭版，则是很致命的。由于 Windows XP 家庭版的管理文件和文件夹共享方式，以及利用客户账户以空白口令为默认登录，以共享文件和文件。一些攻击或恶意软件会找到侵入电脑系统的方式。离开而不锁门可能在某种程度上会被误认为表示欢迎客人。

其他重要的安全措施

以上提到的是基本的网络安全措施，可应用于家里、工作地点或连接到公共无线网络浏览群书。现在介绍连接到一些热点网页时，所需要做和考虑的事情。

验证热点连接

首先，需要确定所连接的一个热点，而不是恶意欺诈接入点。当连接到一个公共的无线网络时，它将公布 SSID、网络名称及无线适配器等其他信息以顺畅连接。这使攻击者很容易建立一个恶意与该热点站点的接入点和使用相同或相似的 SSID。他们可以创建一个热点登录网站副本，以吸引用户输入用户名和口令，或者甚至可能得到的信用卡号码和其他信息，结果用户以为登录的是真实的网站。

应确认所在位置确可登录热点网页，不要以只是碰巧在一家咖啡店上网，可用的无线网络，其热点网页就是想登录的。

如果处于与真实的热点网站连接状态，而且 SSID 显示无线适配器连接到指定位置，则需要确保连接的是正确的。一些攻击者会建立与 SSID 类似的恶意接入点，以吸引不知情的用户连接，并输入自己的登录信息或信用卡资料。

警惕背后

小心翼翼确保正连接的无线网络是合法的，则需要认清周围的人。在输入用户名和口令连接到无线网络，或利用用户名与口令打开 E-mail 邮箱、网上银行账户等之前，没有一些好奇的人在身边观看输入。

在确认没有人通过肩膀观看键盘输入信息之后，并且已经与合法的公共无线网络建立了连接，才可以使用网络。要始终知道这一事实，即数据可以很容易被截获。不仅在其他电脑可以通过嗅探器程序共享使用数据包，如 sniffer 程序，以捕捉和分析数据，而且因为数据是在空中发往各个方向的，附近的一个停车场的任何一台电脑都可能用 NetStumbler 或 Kismet 程序截获信息。

使用加密和口令保护

为防止敏感数据或文件被截获，应该以加密或其他方式防止数据流失。压缩程序，如 WinZip，可使压缩的文件程序受口令保护，这至少提供了某种程度上的安全。也可以使用如 PGP 类的加密文件获得更多的安全。

通过网络或发送邮件来传送个人文件，可以通过口令保护和加密来保障其安全。但即便如此，这也避免不了受到拦截。有人从使用数据包嗅探器程序阅读从你的计算机发送出来的信息。即使如口令等被加密或口令保护的资料也不是那么安全的。一些人仍可能截取你的资料，清楚地看到口令和其他个人信息或敏感信息。

不要随意浏览

其中一项建议是，当连接到一个公共的无线网络时，应限制自己的活动。应该只能进入有数字签名或安全认证的网页，或使用 SSL 加密的网站（通常，在以"https"开始的 URL 地方出现挂锁的图标）。

使用 VPN

如果需要更大的安全保障，应该使用 VPN（虚拟专用网）。通过建立一个连接电脑或网络的 VPN，在另一端也建立一个端点，在两端点之间就创造一个安全隧道。在隧道中所有的数据都是被加密的，只有两端的 VPN 端点可以阅读有关资料。如果有人在中间截取数据包，他们将得到加密的乱码信息。

基于 SSL 的 VPN 是网页浏览器相关的。但是，VPN 技术主要依赖 IPSec 系统，这需要某种形式的客户端软件与电脑建立连接。无论 VPN 软件安装在计算机上还是安装在终端上都无所谓，但需使用相同的身份验证协议。公司提供 VPN 访问方式，通常会为雇员供应客户端软件。也可以从 Microsoft 或 Boingo 得到 VPN 客户端软件。

使用基于网页的电子邮件

关于安全使用公共无线网络的最后一个提示是建立一个加密的 VPN 连接并使用如 Microsoft Exchange 或 Lotus Notes 的企业邮件服务器。但是，如果 ISP 使用的是 POP 3 电子邮件账户或其他一些电子邮件，数据传输清晰的文字则可被任何人拦截并阅读。基于网页的电子邮件，一般使用加密的 SSL 连接以保护传输的数据，比较大的网上邮件提供商，如 Hotmail 和 Yahoo，还可扫描出电子邮件文件附件中的恶意软件。网上电子邮件的详细介绍参阅第 6 章。

小结

无线网络是近年来网络方面的最先进的技术之一，主要为因特网的家庭用户而开发，这些用户没有使用防火墙，也毫无防范意识。不幸的是，如果不能很好地采取安全措施，无线网络也成了近年来最大的风险安全隐患问题。

本章介绍了很多无线网络方面的基本概念和目前正在使用的无线网络协议的主要特点，还介绍了无线网络安全的基本措施，如改变默认的口令和 SSID，使 SSID 不为公布，或者通过 MAC 物理地址过滤无线网络。

本章还讨论了无线网络加密理论的优缺点，如 WEP 和 WPA，解释了用某种加密方式保护无线数据流失的原因。从中可学到一种分层的防卫措施，包括如个人防火墙和可以升级的杀毒软件等组件，这是网络安全的关键，尤其是当浏览公共无线网络中热点网站的时候。

本章最后针对公共无线热点讨论了一些其他的网络安全防护措施，如确保所连接的无线网络是合法的，而不是为窃取私人信息而设立的恶意热点网站。此外，介绍了如何使用 VPN，及当使用公共无线网络时利用网上电子邮件可提高安全并保护私人信息。

其他资源

下面的文献可以提供给你更多的关于无线网络安全的信息：

- Bowman，Barb. *How to Secure Your Wireless Home Network with Windows XP*. Microsoft. com （www. microsoft. com/windowsxp/using/networking/learnmore/bowman_05february10. mspx)

- Bradley，Tony，and Becky Waring. *Complete Guide to Wi-Fi Security*. Jiwire. com，September 20，2005 (www. jiwire. com/wi-fi-security-travelerhotspot-1. htm)

- Elliott，Christopher. *Wi-Fi Unplugged：A Buyer's Guide for Small Businesses*. Microsoft. com （www. microsoft. com/smallbusiness/resources/technology/broadband_ mobility/wifi_ unplugged_ a_ buyers_ guide_ for_ small_ businesses. mspx)

- *PGP Encryption Software* （www. pgp. com/)

- *Wi-Fi Protected Access 2 (WPA2) Overview*. Microsoft TechNet，May 6，2005 (www. microsoft. com/technet/community/columns/cableguy/cg0505. mspx)

- *WinZip Compression Software* （www. winzip. com/)

第 9 章
间谍软件与广告软件

本章主要内容：

- 广告软件
- 间谍软件
- 摆脱间谍软件

- √ 小结
- √ 其他资源

引言

从很多方面来看，对间谍软件的讨论都仅仅是对第 7 章的引申。间谍软件的核心问题涉及个人隐私。你愿意和第三方分享多少你的隐私，特别是，这些信息都是在不知情的情况下被收集的。间谍软件总是绕过道德的边界监视你的行动，并收集个人资料，甚至是在不知情的情况下窥探你的信息，有时候还是出于恶意的目的。攻击者的行为大部分可以被反间谍软件检测到，如 cookies 信息、注册表，以及与一些的间谍软件相关的信息。这些间谍软件只是令人感到厌烦，而不会构成威胁。然而，还是有一部分间谍软件会对计算机安全构成威胁。即使不构成威胁的软件也会影响电脑性能。

本章将讨论以下问题：

- 间谍软件与广告软件的区别
- 最终用户许可协议（End User License Agreement，EULA）的潜在威胁性
- 如何保护电脑不受间谍软件的威胁
- 检测并去除间谍软件的工具

广告软件

人们经常把广告软件和间谍软件混为一谈。事实上，两者之间存在根本区别，广告软件只是试图进入道德的边缘地区，并不太多地违背法律。如同它的名字，广告软件只是产生广告。间谍软件所做的事情更为隐蔽、更为阴险。间谍软件会监视按键的顺序，从而获得用户名、口令及信用卡账号等信息。

当观看常规的网络电视时，只需要支付电视本身的价格及电费。各种各样的电视网络都是靠广告来获得利润的。各大公司会根据用户调查结果，决定在什么节目中，以及在什么时间播放商业广告。如果一个节目的绝大部分观众都是女性，他们就不会浪费钱来播放男士用品的广告。同样，他们也不会在一个儿童节目中播放低度酒的广告。

一些网站和免费软件以同样的商业模式运行。实质上，他们免费提供程序与服务使用，并依赖广告收入来获得利润。为确定你的喜好，这些程序一般会捆绑安装一些广告软件，这些广告软件在后台默默运行。这种软件可以检测用户使用电脑的习惯，经常浏览的网站并将数据反馈。然后这些信息就会被用来选择可能会吸引用户的弹出式广告，或者网页横幅广告。

具有讽刺意味的事情是，广告软件一般都是自己同意安装的，并且在安装这些软件的同时，也接受它们将要进行的活动。通常情况下，最终用户许可协议（End User License Agreement，EULA）会使得广告软件成为合法程序，即使不是那么道德。最终用户许可协议就是当安装软件时出现的那个对话框，这个对话框会询问你是否阅读并同意上述协议。通常情况下没有人会细读那个协议，人们只是扫一眼那个充斥着科技或者法律术语的东西，并选择同意。

Kazaa 的 P2P 网络是使用这种方式运行的最著名的软件。P2P 网络在美国唱片协会对抗用户非法下载受版权保护的歌曲的战斗中，受到了广泛的关注。但是，P2P 网络本

身是完全合法的。用户可以选择购买软件，并且获得一个完全没有广告软件的版本。但是绝大多数的用户还是宁愿接受广告软件，也要使用免费的 Kazaa 网络。

Kazaa 的用户超过 250 万，其中绝大多数的使用者都是包含广告软件的 P2P 客户端。Kazaa 并不隐瞒它会将广告软件装到你的电脑里。事实上，在安装的过程中，会明确的告知这一情况。安装运行的第二步列出为了使用 Kazaa 要接受的所有广告软件（如图 9.1 所示）。

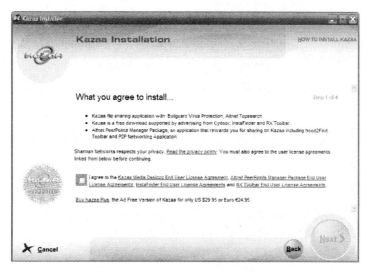

图 9.1　Kazaa 桌面媒体安装器

为了进行到下一步，必须选择"同意 Kazaa 桌面媒体最终用户许可协议"。很显然，99％的用户根本就没有看过所谓的最终用户许可协议。极少有人会去逐字看完同意的究竟是什么内容。人们都觉得这个步骤很让人厌烦，没有谁认识到这是与软件供应商之间的合法许可协议。

Kazaa 桌面媒体最终用户许可协议规定：拆卸附带的广告软件，甚至只是尝试屏蔽该广告软件的功能，都是一种违约行为（如图 9.2 所示）。EULA 列举为了合法使用软件，必须遵守的全部条件。许多免费软件的 EULA 中都包含相似的条款，所以拆卸这些广告软件会破坏要使用的免费程序。

Kazaa 要求，同时也要同意一些来自于第三方广告软件提供商的"最终用户许可协议"。所有与 Kazaa 桌面媒体同时安装的程序，都具有一定的功能。例如，Gator 是用来弹出广告的，而要浏览的网页无法打开时，PerfectNAV 会提供相关的网页。

一般情况下，Kazaa 桌面媒体，以及一些广告软件安装带来的产物都是有用的。尽管强迫安装这些第三方软件好像不太道德，但这是"免费"使用软件的代价。最初，没有人强迫安装免费软件。

在同意安装这些软件且接受最终用户许可协议之前，确实应该看一下同意的到底是什么。软件 Altnet Peer Points Manager 和"My Search Toolbar"的最终用户许可协议规定：同意不需经过许可就可随时更新软件且你要接受"全部的更新"（如图 9.3 所示）。事实上，这意味着厂商可以为软件"更新"并运行全新的功能，而这些功能并不是你想要拥有的。

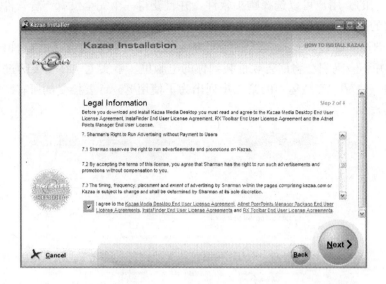

图 9.2　Kazaa 的 EULA

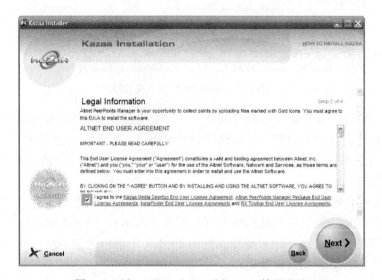

图 9.3　Altnet Peer Points Manager 的 EULA

　　即使不在乎运行这些广告软件给隐私带来的威胁，也愿意接受作为免费使用软件的代价，还是应该考虑系统性能。广告软件会一直在后台运行，监视并记录你的活动，因此它会消耗内存，而这些内存本来可以用到更有用的地方。某些时候，广告软件会将积累的数据反馈到数据库中，这时候就会用到一部分网络带宽。当然，用宽带的时候可能意识不到，但是当拨号上网的时候，广告软件在后台的运行会让本来就如爬行一样的网速完全停止不动了。

间谍软件

尽管大部分人把广告软件和间谍软件都叫做"间谍软件",但它们之间确实是有区别的。就像刚才在广告软件的讨论中指出的那样,尽管不太道德,广告软件技术在上是合法的,是在不知不觉中同意安装的。相比之下,间谍软件则是一种更为恶劣和隐蔽的广告软件。事实上,间谍软件更像是一种木马程序,因为经常假扮成其他东西,并且不经允许就安装到电脑中。

广告软件试图躲在边缘地带,监视并记录不太隐私的信息,例如,简单地探测浏览什么类型的网页、浏览的频率、每个网页的浏览时间,以及其他一些统计数据。这些数据可以帮助网站运营商检测网站运行情况,并且帮助广告商为人们提供更有吸引力的商品与服务。

间谍软件超越了灰色地带。它通过不经用户同意的秘密安装,以及所追踪的数据使自己成为一种恶意软件。一些间谍软件通过寻找浏览器的漏洞,不经同意地安装到电脑上。

大部分情况下,广告软件都事先告知将要执行的功能,而间谍软件是隐秘地进行这一切。很多间谍软件不但没有提供清晰的卸载方法,而且刻意模糊了任何拆卸该软件的途径,甚至还会破坏浏览器的配置以防止拆卸。

有时候,间谍软件比广告软件探测的信息范围要大得多。它们甚至有可能记录每次键盘敲击,以获取用户名、口令、银行账户、信用卡号,以及电子邮件里的每个词。这显然已经不仅仅是为了获取一些统计数据那么简单了。与此同时,大部分间谍软件还包含一些网页漏洞和 cookies,这些功能就如广告软件一样,可以追踪并检测你的行为,但是区别在于这些没有获得许可。

当然,我一直强调,间谍软件的可恶在于它没有经过用户的许可。我还需要指出的是,间谍软件在没有被"拥有者"许可的情况下是恶意的。现在有专门提供合法的间谍软件的市场,如提供给公司老板以便监视员工活动的软件,同样可以提供给父母以便监视孩子活动的软件。

Spectorsoft 公司的产品 Spector Pro 可以安静地在后台工作,监视并记录所有的网络活动,包括所有接收和发出的电子邮件、所有的即时聊天信息、获取每个按键、监视所有使用中的软件,以及通过 P2P 网络传输的所有文件。事实上,Spector Pro 还可以配置成可以记录现行的页面快照,这样就可以回顾页面,在其他的检测方式有所遗漏时,这种页面快照能够发挥作用。

公司版的 Spector Pro,以及其他一些相似的产品,例如,NetVizor 承诺可以增强员工的生产力、减少商业机密的泄露,并且帮助监督员工在其工作时间内是否进行其他不适合的活动。

在家庭中,不需要担心丢失商业机密(孩子准备做什么?邮寄家里做苹果派的秘方?),也不用担心缺少生产力。但是,网络上有很多不好的内容,你会急切地想知道当你不在的时候,孩子都在电脑上看到了什么。有了像 Spector Pro 这样的工具之后,可以随意设置该软件。例如,在一天中的特定时间段,屏蔽某些特定的网站或者服务,并且当邮件或者浏览的网页中出现某些关键字时立即与你联系。

摆脱间谍软件

卸载电脑中的间谍软件是一件说起来容易做起来难的事情。广告软件及一些简单的间谍软件，都如广告软件一样，容易被拆除。合法的广告软件通常都会有明确的卸载方法，而且一些工具可以帮助扫描电脑，找出并删除广告软件与间谍软件。例如，Lava-soft 的反广告软件 Ad-aware（www. lavasoftusa. com），Patrick Kolla 的 Spybot Search&Destroy（http://spybot. safer-networking. de/en/）。

这两种软件都是免费使用的，而且在探测并删除广告软件和间谍软件方面做的非常好。它们都依赖于一个包含已知间谍软件的数据库，所用的方法和反病毒软件是相似的，都是采用将一个文件与数据库中的恶意程序进行对比的方法。在扫描之前，应该检查是否更新到最新版本，以保证软件可以检测到所有最新的间谍软件和广告软件。这两种产品都相当优秀，但是经常会出现这样的情况：一种软件可以探测到的恶意程序，而另一种是检测不到的。所以为了彻底清除间谍软件，可能同时需要这两种产品。

开始扫描以后，这个软件会检查目前运行的进程、寻找 cookies、检查可执行文件，并且扫描系统注册表，以期发现恶意软件的蛛丝马迹（如图 9.4 所示）。除非禁止运行所有的 cookies，当然这会让网络冲浪变得很困难，甚至完全不可能，但总会找到一些广告软件或者间谍软件。

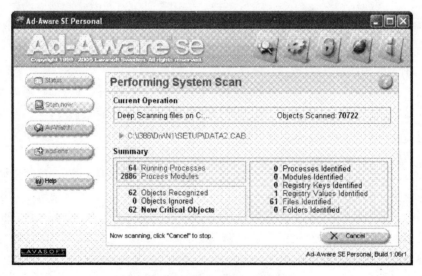

图 9.4　使用 Ad-aware 扫描计算机

不管用哪种软件，扫描之后都会出现一个列表，其中包含被检测到并确认为广告软件或者间谍软件的文件、注册表、程序等。可以选择是否卸载它们。反广告软件允许进一步获得一些关于这些程序的信息，通过双击就可以看到这些恶意程序的大小、位置、最后一次运行的时间、反广告软件对其危险性的评定，以及简单描述（如图 9.5 所示）。也可以在 Google 中查询这些程序，以便弄清这些间谍软件从何而来，以及它们的功能。

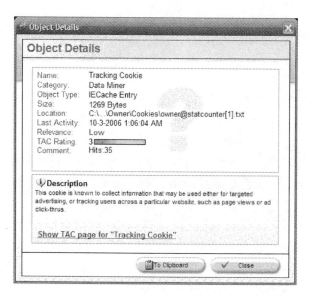

图 9.5　Ad-aware 软件的恶意软件细节描述

　　要重申的是，在某些情况下，同意安装一些广告软件以使用免费软件或者免费服务，因此通过任何途径拆卸或者破坏这些软件的行为都是一种违约行为。如果选择拆卸广告软件，需要同时拆卸与其相关的免费软件，否则就是违法的。在进行清理或删除程序之前，反间谍软件也会提醒这些事情。

　　Ad-aware 和 Spybot Search&Destroy 都可以探测并删除现有的数量庞大的广告软件和间谍软件。当然，由于它们都是免费的，所以不能抱怨。但是，卸载这些间谍软件只能手动进行，而且只能在这些间谍软件被安装之后，才能通过扫描电脑找出并删除它们。这些反间谍软件并不能在第一时间保护电脑不受间谍软件与广告软件的破坏。

　　反病毒软件的制造商赛门铁克（诺顿的制造商），以及 MacAfee 都在软件中增加了探测并屏蔽间谍软件的功能。如 Zone Alarm Pro 一类的个人防火墙，也开始通过屏蔽 cookies 来控制广告软件，可以在有程序不经过允许就运行时发出警报。随着制造商对产品功能的优化，反病毒软件、个人防火墙、反间谍软件及其他一些安全产品之间的区别正被逐渐模糊。

　　Lavasoft 开发了一种版本更为高级的反广告软件，称为 Ad-aware Pro。这种软件价格合理，而且在保护电脑不受间谍软件与广告软件干扰方面做的更好。Ad-aware Pro 关闭了被间谍软件作为目标的内存区与注册表，并且提供对间谍软件与广告软件的实时监控，同时，还能够对未经许可而安装的软件实施卸载。该软件还能够阻塞流行的广告并允许扫描映射驱动器。

　　不论是 Spybot 还是 Ad-aware，都不会检测并删除商用的间谍软件。如果电脑中有这些软件，那么可能是电脑系统的拥有者合法安装的，以便监视电脑的使用情况。但是，还有一种可能，那就是有其他人可能在电脑系统中安装了一个这样的软件作为一种间谍工具。他可以监视你的行动、阅读你的邮件、收集你的口令，并且在你不知情的情况下发送到他们的邮箱中。如果觉得电脑中有这样一个程序，应该尝试用 SpyCop 扫描电脑。

SpyCop（http://spycop.com/）不仅能检测典型的间谍软件和广告软件，还宣称可以检测到超过 400 种的商用监听软件。SpyCop 可以扫描系统中的任何一个文件，以便找出按键日志、口令记录、邮件记录以及所有的恶意软件。SpyCop 宣称拥有世界上最大的监视与监听软件数据库。

如果怀疑系统中有间谍软件或者确信这点，但是上面提到的产品都不能检测到这些间谍软件，那么最后一种解决办法就是尝试 HijackThis（www. spywareinfo. com/~merijn/programs. php）。这种软件会像其他软件一样扫描电脑，不同之处在于，它同时还寻找拥有间谍软件特征的软件，而不仅仅是简单地与间谍软件数据库进行对比。

HijackThis 是一种强大的工具，但是对于新手来说，分析结果可能是一件痛苦的事情。当使用这种软件进行扫描之后，很快就会得到一张表，其中列举的可能是间谍软件，当然也可能不是（如图 9.6 所示）。其中有些可能是无意之间安装的一些软件。对大部分人来说，这些信息看起来杂乱无章。但是幸好可以得到表中任何一项的详细说明。也可以转向一些网站（SpywareInfo. com 或者 WildersSecurity. com）以获得更多的帮助。这些网站为用户提供 HijackThis 的日志文件，会有一些作为专家的志愿者解释，让你知道哪些是有用的程序，哪些是间谍软件或者广告软件。

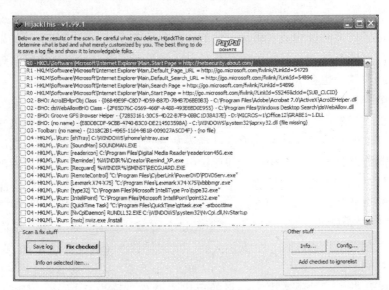

图 9.6　使用 HijackThis 扫描的结果

如果这些分析结果依然没什么用，不能决定一个文件或者一个程序是该被删除还是留下，可以查阅 HijacThis 指南（www. spywareinfo. com/~merijn/htlogtutorial. html）以便弄清这些符号到底是什么意思。问题的关键在于 HijackThis 并不适合初学者使用。如果在论坛上找不到怀有疑问的符号，可以单击保存结果，将扫描结果保存并上传以获得一些帮助。

如果一项内容被认定安全，可以单击并把它添加到忽略名单中，这样它在以后的扫描中就不会再出现了。如果发现了想要拆卸的间谍软件，只需要单击它，然后单击“确定”按钮。但是必须确定单击的项目确实是间谍软件。一旦单击了“确定”按钮，就不能再回头了，如果删除了不该删除的程序，有可能使某个软件停止运行。

　　不管怎么说，隐私都是非常严重的问题，间谍软件和广告软件都通过追踪行动与习惯，并把信息反馈给第三方来侵犯隐私。然而，大多数的间谍软件与广告软件并不能获取太多的隐私，知道的或许还没有提供信用卡和电话卡的公司多。信用卡公司知道你买东西的时间，以及买的是什么，而通信运营商知道你拨打的电话，什么时候拨打的及打了多长时间。到底要分享多少信息，选择权在自己手里。但是还是要禁忌间谍软件与广告软件使用电脑资源，如内存、处理能力、网络带宽等，这有可能使系统性能变差，甚至完全崩溃。使用本章的知识可以帮助控制要分享的信息数量。

小结

　　间谍软件对电脑用户的危害极其严重。了解这些威胁，掌握对抗威胁的方法是很重要的。通过本章，你学到广告软件与间谍软件之间的区别，以及广告软件通过 EULA 来获得用户的安装许可的方法。

　　已经知道，大部分广告软件与间谍软件都只是令人厌烦而不会造成威胁，当然一些极其恶劣的间谍软件除外。随后，我们讨论了一些可以用来检测并卸载间谍软件的工具。有了这些知识，将能够更好地保护系统不受间谍软件的威胁。

其他资源

　　更多间谍软件与广告软件的信息参见下列条目：

- *Ad-aware*（www. lavasoftusa. com/default. shtml. cn）
- Bradley，Tony. *How to Analyze HijackThis Logs*（http://netscurity. about. com/od/popupsandspyware/a/aahijackthis. htm）
- *Hijack This*（www. spywareinfo. com/~merijn/htlogtutorial. html）
- Kroeker，Kirk. *Beyond File Sharing*：*An Interview with Sharman Networks CTO Phil Morle*. ECT News Network，Inc′s TechNewsWorld. January 21，2004（www. technewsworld. com/story/32641. html）
- *So How Did I Get Infected Anyway?*（http://forums. spywareinfo. com/index. php?act＝SF&f＝7）
- *Spybot Search Destroy*（http://Spybot. safer-networking. de/en/）
- *SpyCop*（http://spycop. com/）

第三部分
测试和维护

第 10 章
保持安全

本章主要内容:

- 常规 PC 机维护
- 补丁和更新
- **Windows XP 安全中心**

√ 小结

√ 其他资源

引言

维护和保养计算机是一个持续不断的过程，不是一个产品或者某个临时的事件。一些人认为电脑安装了杀毒软件之后就是安全的。但是他们没有意识到，每天都有新的漏洞被发现和开发出来。

杀毒软件、操作系统和其他的应用程序只是与上次更新时一样。如果自从上次更新后，在工作了一个星期之后，那么过去七天新发现和新开发的弱点，对系统都是潜在的威胁。

有规律地更新产品，如杀毒软件、个人防火墙和反间谍软件等，这对保持计算机安全是非常必要的。还需要修补和更新操作系统和应用程序，使之处于有效保护中。

即使对计算机安全不存在实际的威胁，计算机也需要有规律地维护和维修。如同汽车需要更换汽油、替换空气过滤器和定期添加挡风玻璃清洗液，计算机需要一些基本的清洁和微调，以保持顺畅的运行。从磁盘移除无用的文件和碎片，这样能使 PC 机运行速度加快，同时能延续电脑硬件的寿命。

本章包括有规律地维护计算机所需要进行的各种任务，也包括为维持计算机安全所必须修补和更新的各种应用程序和服务。本章介绍如下内容：

- 通过磁盘清理和整理磁盘碎片维修磁盘
- 擦掉分页以保护个人信息
- 修补和更新新发现的计算机漏洞
- 使用 Windows XP 安全中心监测安全
- 保持杀毒软件和防火墙最新

常规 PC 机维护

维持磁盘驱动器看上去对计算机的安全没有任何作用。对一部分而言，这是正确的。对磁盘驱动器进行碎片整理，这样能帮助它运行更顺畅、运行更长时间，也能增加计算机的速度和效率。但是对加强计算机安全并没有任何作用。

对数据进行碎片整理不会使它更安全，但是会提高计算机性能和增加计算机的运行速度。恶意软件感染和危机计算机安全的主要目的之一就是使计算机的性能降低，因此，任何有助于保持磁盘驱动器一直运行的都是好事，让你随时掌握安全性。

磁盘清理对计算机的安全也没有任何作用。然而，这个普通的 PC 机维护工作能够保护计算机和个人信息。在 Windows XP 系统上进行磁盘清理的部分内容就是清除潜藏在计算机里的临时文件、因特网缓存文件和其他的数据残留，这些文件包藏攻击者潜在地能够访问的敏感或者机密信息。

磁盘清理

使用电脑时会产生各种各样用过的或者被写入电脑硬盘的文件，这些文件可能包含一些敏感的信息。这些文件大部分都不会保存太长时间。实际上，它们都不能如普通文件那样被浏览或者访问。但是，这些信息始终是存在的，一个知识丰富的攻击者可以找到它，并且解密它们的内容，从而获取关于计算机系统有价值的信息。

像因特网临时文件或者 Windows 临时文件这样的文件，存在于两个共同区域，这两个地方可能是敏感信息逗留的地方。回收站也有可能保存一些已经处理过的数据，这些数据仍然呆在磁盘中。

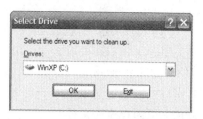

图 10.1　选择需要清理的驱动器

为了清除数据，保持磁盘不存在无用的、不需要的及可能有害的数据，需要使用磁盘清理，单击"开始｜所有程序｜附件｜系统工具｜磁盘清理"，出现如图 10.1 所示的窗口。第一次进行磁盘清理时，需要选择要清理的磁盘。

磁盘清理只对硬盘驱动器起作用，并且每次只能清理一个驱动器，如果有多于一个的硬盘驱动器，或者硬盘驱动器被分为多个驱动器，需要对清理的驱动器分开运行磁盘清理。

图 10.2　磁盘清理分析的结果

选择需要清理的驱动器，单击 OK 按钮，Windows 将分析这个驱动器。这将花费一些时间，因为 Windows 将要检查所有的文件，然后决定哪些文件应该被压缩或者删除。分析时出现一个进度条窗口，这个窗口说明任务正在进行中。

分析完成之后，磁盘清理会显示结果，说明当磁盘清理完成之后，能有多少的磁盘空间会释放出来。这个显示（如图 10.2 所示）由一条写有能释放的总磁盘空间大小的语句开始，然后是不同类型或者区域的文件，通过删除它们释放出总磁盘空间大小一样的磁盘空间。

通过勾选或取消不同的选项，可以决定哪些数据应该被删除而哪些数据应该被保留。可以单击每项，看到关于该项的一个简单描述，通过这个描述来帮助决定如何做。选择之后，单击 OK 按钮进行磁盘清理。这将花费一些时间，如果选择了压缩旧文件，将花费更多的时间。

抹掉页面文件

Windows 使用部分的硬盘空间作为"虚拟内存"。它装载一些需要被装载到更快的 RAM（随机访问内存）中的文件，在硬盘中创建一些交换区或者分页，用来交换进入或者流出 RAM 的数据。这些分页一般在 C 盘驱动器的根目录下，而且名为 page-file. sys。Pagefile. sys 是一个隐藏的系统文件，因此无法看到，除非将查看文件设置为显示隐藏文件和系统文件。

虚拟内存使 Windows 能打开更多的窗口和同时运行更多的程序，但只保持一个在

RAM 中运行。页面文件也可能成为安全隐患。这个问题主要是当窗口或者程序关闭之后，信息仍然在页面文件中存在。当在计算机上运行不同的程序或者展现不同的功能时，pagefile 可能会包含被攻击者利用的敏感地或者机密的信息。

为了减少由于在 pagefile 中保存信息所带来的风险，可以配置 Windows XP，在每次关闭的时候清理页面文件。单击"开始|控制面板"。从"控制面板"选择"管理工具|本地安全策略"，打开"本地安全策略设置"窗口（如图 10.3 所示）。本地安全策略窗口可以自定义本地安全设置，包括在系统关闭的时候清理 pagefile。双击"关机：清理虚拟内存页面文件"，然后选择"已启用"选项。单击 OK 按钮，然后关闭"本地安全策略设置"窗口。从现在开始，当关闭系统时，页面文件将会自动被清除。

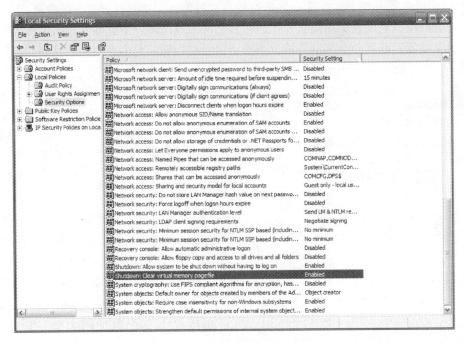

图 10.3　本地安全策略设置窗口

磁盘碎片整理

第一次将一个文件写入硬盘时，计算机将所有数据存放在磁盘中相连的空间上。然而，随着数据的访问、删除、重写、复制及移动，一个单一的文件最终可能横跨整个驱动器，使数以千字节的数据分布在不同地方。

文件碎片会降低性能和减少硬盘的使用寿命。访问一个有碎片的文件，硬盘驱动器将花费双倍的时间浏览所有的地方，然后将分开的数据集中起来，代替了仅在一个地方有顺序的读取数据。为了解决这个问题，需要定期地进行磁盘碎片整理。

Windows 的磁盘碎片整理程序在系统工具中。单击"开始|所有程序|附件|系统工具|磁盘碎片整理"（如图 10.4 所示）。

在磁盘碎片整理程序控制台的最上面是可以进行磁盘碎片整理的磁盘驱动器列表。最初，只有两个选择决定该对这些磁盘驱动器做什么。选择了一个驱动器之后，可以单击"碎片整理"按钮并开始碎片整理，或者可以单击"分析"按钮查看硬盘碎片情况，

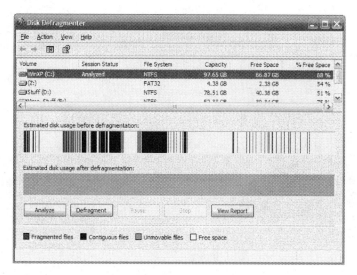

图 10.4 磁盘碎片整理程序

Windows 的磁盘碎片整理使用不同颜色来显示所选择硬盘的碎片情况。

如果单击"分析"按钮，磁盘碎片整理程序就会查看磁盘，然后提示是否有必要在这个时候进行碎片整理。在真正开始碎片整理之前，必须意识到碎片整理过程需要占用非常大的系统资源。可以继续使用计算机，驱动器仍然会尽可能快地运行，移动和整理文件的各个部分，以使它们在硬盘上存放的空间是连续的。可能会注意到，电脑在进行碎片整理过程非常慢和很少响应。在某一天使用完计算机后或者出去吃饭时，最好运行碎片整理程序，在这期间不要中断。

任务计划

如果整夜都打开电脑，最好是在 Windows 下建立一个简单的运行碎片整理程序的调度任务，当睡觉的时候自动运行。使用调度任务并不仅仅是当不经常使用电脑的时候执行碎片整理，而且保证硬盘驱动器在不需要手动处理时有规律地进行碎片整理。

建立一个任务调度，单击"开始｜所有程序｜附件｜系统工具｜任务计划"。可以根据向导建立任务（如图 10.5 所示）。向导显示了可以选择的程序列表，但是也可以浏览和选择任何实质上是可执行的程序作为调度任务。如果磁盘碎片整理没有出现在向导的可选择程序列表中，需要单击"浏览"按钮，然后手动找到名称为 defrag.exe 的文件。它保存在硬盘驱动器的 Windows 下的 System32 目录下。

选择执行文件后，可以为调度任务起个名字和设置发生次数。推荐磁盘碎片整理调度任务每个月至少执行一次，如果可能一个星期一次。需要提供一个账号的用户名和口令，这样才有权限运行磁盘碎片整理。

如果在向导的最后一步单击"完成"按钮，磁盘碎片整理将会在计划的时间运行，但是只是打开窗口而不是实际进行初始化驱动器碎片整理，必须在调度任务的命令行指定需要进行碎片整理的驱动器。如果有多个驱动器或者分区，需要为每个单独建立一个调度任务。

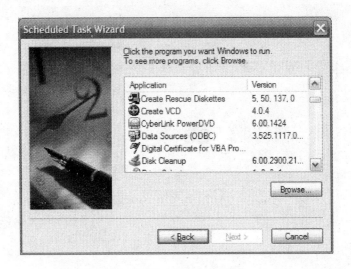

图 10.5　任务计划向导

在向导的最后一步，必须确认已经选中"在单击完成时，打开此任务的高级属性"复选框，然后单击"完成"按钮。在高级设置的 Run 区域，在命令最后输入一个空格，然后增加需要进行碎片整理的驱动器，如 C:（如图 10.6 所示）。单击 OK 按钮关闭高级设置，这时就为驱动器设置了碎片整理的任务计划。

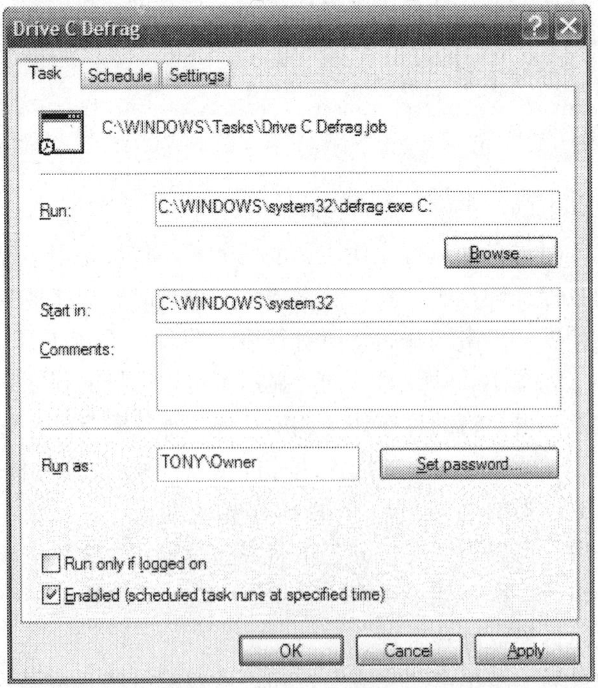

图 10.6　Run 区域的高级设置

补丁和更新

如果想让电脑保持安全，及时打补丁和更新是最重要的事情。杀毒软件、反间谍软件和个人防火墙软件对系统的安全性都有贡献，恶意软件和攻击都依靠已知漏洞。如果电脑及时打补丁，这些漏洞将不再存在，这样恶意软件在大部分情况下将不会起作用。

Microsoft 提供了许多方法抑制最新出现的漏洞，为它打上补丁来保护电脑。

- **自动更新 Windows** 有一个叫自动更新的功能，如同名字一样，自动检查对系统安全性有作用的新补丁。可以配置自动更新下载和安装新的更新，仅仅下载它们，但是由你来决定什么时候安装，或者有可用更新时通知你。
- **Windows 更新网站** 自动更新只对影响安全性的重要更新起作用。为了更新简单功能或者更新硬件驱动等，需要不时地访问 Windows 更新网站。单击"开始｜所有程序｜Windows Update"。根据网站的提示让 Windows 更新扫描电脑，识别能影响电脑的补丁和更新。可以选择是否使用"快速"，让 Windows 更新自动修补系统，或者使用"自定义"，该定制能挑选与选择所需应用的补丁。
- **Microsoft 安全报告** 每个月的第二个星期二是 Microsoft 的"修补的星期二"。他们在这一天发布一个月所有的安全报告，以及相关的补丁。在极少情况下，如果一个新的漏洞被发现，而且被疯狂的利用时，Microsoft 会不按规律地发布一个安全报告。但是为了获取消息，需要设定日期，或者订阅接受当 Microsoft 有新的安全报告发布时的通知。Microsoft 为家庭版用户提供了一个 Microsoft 安全时事通信（www. microsoft. com/athome/security/secnews/default. mspx），可以随时掌握使用"真正简单的联合供稿"加入"在家上网的安全性 RSS"（www. microsoft. com/athome/security/rss/rssfeed. aspx）馈送到 RSS 阅读器。
- **更新其他程序** 这里，有太多的供应商和应用值得推荐。很多的供应商有内置的方法自动检测当前更新，如果有可能，建议使用这个功能。为了在有补丁或者更新的情况得到通知或者提示，也可以和卖主协商。也可以使用安全网站获取影响系统或者应用的漏洞消息，如 Secunia（http：//secunia. com）。

Windows XP 安全中心

Windows XP 安全中心提供了一个关于电脑安全状况的一站式信息版。使用标准的蓝色/黄色/红色系统，如果个人防火墙、自动更新和杀毒软件已经过期，那么也将得到一个警告（如图 10.7 所示）。为了得到电脑状态的更多信息，单击 Windows XP Center 选项。

安全中心能够识别大部分的个人防火墙和杀毒软件，当有新程序安装时，报告的状态将显示为蓝色。当杀毒软件最近都没有更新，安全中心的状态将显示为红色或者黄色。

当 Windows XP 安全中心检测到一个能影响电脑安全性的问题时，电脑屏幕的右下角将会弹出一个警告。如果个人防火墙或者杀毒软件不是蓝色的，那么应该检查软件

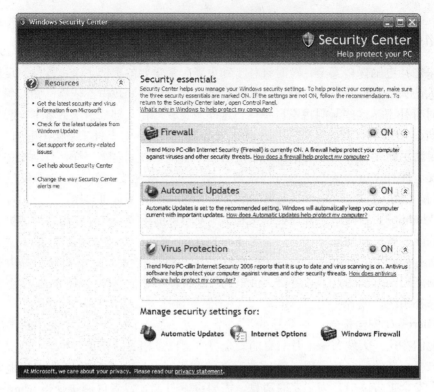

图 10.7　Windows XP 安全中心选项

以确保它正常地运行，从卖主获取最新威胁的信息。

可以使用屏幕左边的链接从 Microsoft 获取更多的安全信息和资源，有一个获取最新病毒和安全信息的链接，还有一个通过访问 Windows 更新网站获取最新补丁与更新的链接。

小结

安装安全软件和配置更安全的电脑都是一种有价值的工作。然而，安全是一种过程而不是一个事件，而且需要持续的认识及保养使电脑保持安全。

本章介绍了一些基本电脑维修任务，如磁盘清理、磁盘碎片整理和清理页面文件。这些任务的一部分和安全不直接相关，但是能使电脑更顺畅地运行，可以消除以为电脑被间谍软件影响的疑问。

此外，本章也介绍了如何确保及时打补丁和更新。这不仅仅是对操作系统，也适用于使用的其他软件。学习了大部分恶意软件及恶意攻击都是利用已知的漏洞，通过对计算机打补丁，可以保护自己免受攻击。

最后，我们对 Windows XP 安全中心做了简短说明。我们讨论了安全中心如何成为一个监控电脑当前安全状态的信息版，它提供了有用的信息，以及一些可以连接到保持电脑安全的资源。

其他资源

下面资源提供更多关于如何保持电脑安全的信息：

- Bradley, Tony. *Automatically Erase Your Page File*. About. com
  (http：//netsecurity. about. com/od/windowsxp/qt/aa071004. htm)
- *Description of the Disk Cleanup Tool in Windows XP*. Microsoft. com
  (http：//support. microsoft. com/kb/310312/)
- *Howto Defragment Your Disk Drive Volumes in Windows XP*. Microsoft. com
  (http：//support. microsoft. com/kb/314848/)
- *How to Schedule Tasks in Windows XP*. Microsoft. com
  (http：//support. microsoft. com/?kbid＝308569)
- *Manage Your Computer's Security Settings in One Place*. Microsoft. com. August 4，2004 （www. microsoft. com/windowsxp/using/security/internet/sp2_wscintro. mspx）

第 11 章
当灾难袭来的时候

本章主要内容：

- 检查事件日志
- 开启安全审计
- 检查防火墙日志
- 扫描计算机
- 还原系统
- 从头开始
- 恢复数据
- 求助专家

- 小结
- 其他资源

引言

无论投入多少时间、精力和技术来保障计算机或网络的安全，都几乎不可能避免系统被感染或数据安全受到威胁。为使发生在身上的这些事件的影响最小化，采取合适的措施来保护数据显得尤为重要。

如果想从一个安全事故中恢复过来，以及认为计算机受到安全威胁，需要清理系统、备份系统、使系统尽快地运作起来，下面是一些必须预先采取的措施。

检查事件日志

当怀疑某些事情有毛病的时候，需要首先检查的地方之一是 Windows 的事件日志。大部分用户几乎不知道事件日志的存在，也包括经常忘记使用它们作为发现和处理故障的资源的用户。

事件日志事实上包含关于 Windows 操作系统各个方面的信息和预警。事件日志包含不同种类。一些应用程序添加自有的审核和功能性日志到 Windows 事件查看器，但默认的日志种类包括应用程序、安全性、系统。

访问事件查看器可以看到日志条目，单击"开始｜控制面板｜管理工具｜事件查看器"。如果单击左边窗格的安全性，则安全性事件的条目就会出现在事件检查器面板的右边窗格里（如图 11.1 所示）。事件检查器控制台展示了不同种类的事件日志，提供了关于访问、执行、错误等信息。

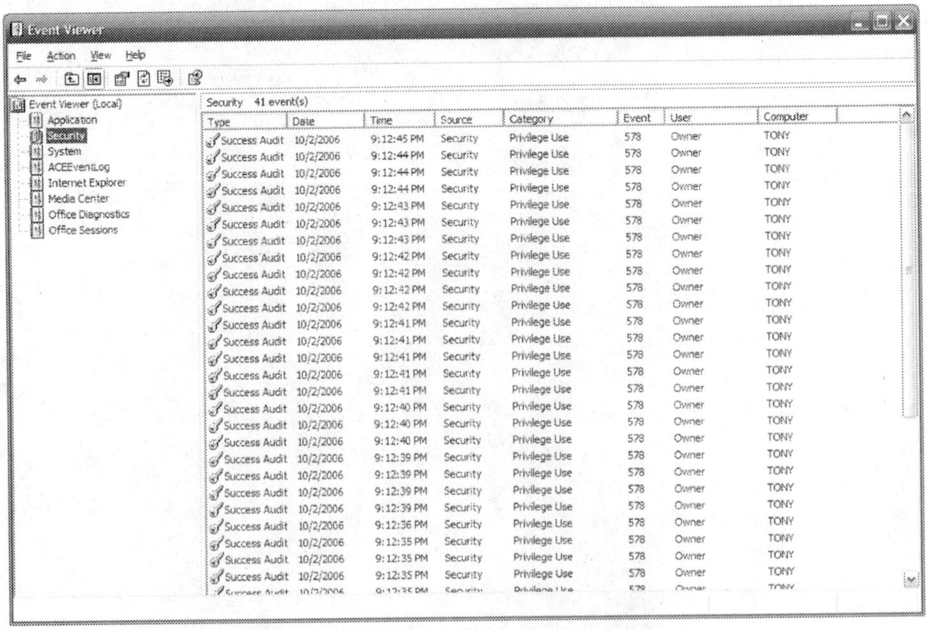

图 11.1　事件查看器控制台

捕获事件查看器的日志，特别是关于安全性类型的事件，Windows 则只捕获监视器配置的事件的日志数据。默认的情况下，没有安全性事件审核是被 Windows XP 专业版所激活的，但是 Windows XP 专业版提供对如何完成事件日志的控制。

工具和陷阱

Windows XP 家庭版的安全性事件日志

不同于 Windows XP 专业版，Windows XP 家庭版不允许配置对安全性事件日志的监控的事件。

Windows XP 家庭版审核和记录安全性事件，与 Windows XP 专业版一样，可以在事件查看器中查看，不能定制对什么事件实施监控和做日志。

开启安全审计

开启 Windows XP 专业版的安全性事件记录，单击"开始｜控制面板｜管理工具｜本地安全策略"。在本地安全设置面板的左边窗格，单击紧邻"本地策略"的加号标志（＋），然后单击"审核策略"（如图 11.2 所示）。本地安全设置控制台允许列入不同的安全策略选项，包括包含在审核和记录的安全性事件。

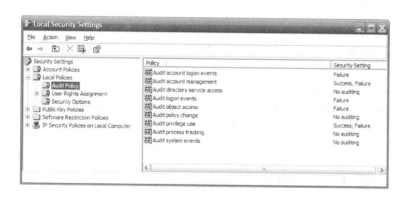

图 11.2　本地安全设置

对于右边窗格列出的每一个事件，可以配置 Windows 来使事件免于审核，审核成功、不成功的事件，审核成功和失败的事件。例如，如果授权成功审核账户登录事件，每个账户登录成功都会在系统创建一个账户日志。如果同样授权为失败，每次账户登录尝试失败也都将会创建一个日志条目。

工具和陷阱

控制日志文件的大小

定制记入日志的事件的原因之一是由于日志数据占用空间。如果记录每个可能的事件，将会影响系统的性能和硬件驱动的空间。

可以控制事件日志的文件的多少和让 Windows 如何处理写入的事件。一旦日志文件满了，通过右击在左边窗格的控制台中的"事件查看器类别"，然后选择"属性"选项。

在弹出窗口的"日志大小"栏可以为事件日志选择最大日志文件的大小，也可以选择当达到最大的日志大小时按需要改写事件，改写超过设定时间限制的事件，或不改写事件直到手动清除日志。

当受到可疑的攻击或计算机安全受到威胁后，可以检查事件查看器安全性日志来确认可疑的或恶意的行为。无论成功或失败警报都可以依据某个特定情形提供有用的信息。如果发现在某一时间成功的账户登录，并且确定没有使用用户名和口令，这表示有人窃取了用户名与口令。如果发现失败的账户登录条目在事件检查器，则说明一个攻击者在尝试进入系统。有一些关于可以找到的可疑条目的例子，可以帮助确定系统是否受到威胁，如果是，确定是什么人、什么时间、怎么发生的。

首先，可能认为需要审核所有的事件，成功的或失败的。必须牢记的是，监控和记录每个和每次事件，计算机的处理器和用户内存资源都需要付出代价，影响整个计算机的性能，而且日志数据也占用硬件驱动器的空间。记录每个事件可能导致日志数据文件迅速填满或超过有效控制。

诀窍就是在监控和记录的事件中寻找一种好的平衡，这最有利于确定问题，同时又不影响系统的性能或占满硬件驱动器。对于家庭版用户，推荐如表 11.1 所示配置审核策略来监控和记录安全性事件。

表 11.1 安全事件

安全策略	无审核	成功	失败
审核账户登录事件		×	×
审核账户管理		×	
审核目录服务访问	×		
审核登录事件	×		
审核对象访问			×
审核策略更改	×		
审核特权使用	×		
审核过程追踪	×		
审核系统事件		×	×

检查防火墙日志

如果没有在事件查看器日志记录中找到任何可以的或恶意的活动证据，可以查看个人防火墙软件的日志记录。诚然，这些信息更加隐秘，不是普通家庭用户能了解的，但是只需要一点点的努力或者 Google 搜索，也许就可以区分特殊的日志记录条目来帮助识别哪里或发生了什么问题。

如果使用 Windows 防火墙，日志记录需要如安全性事件日志记录一样被激活。打开 Windows 防火墙的日志，单击"开始｜控制面板｜安全中心"，然后单击"安全中心"面板底部的"Windows 防火墙"。

在"Windows 防火墙"控制台，单击"高级"按钮，然后选择"设置"（紧邻安全日志记录）来打开"日志设置"窗口。在"日志设置"窗口，可以选择"记录被丢失的数据包"或"记录成功的链接"。可以指定日志文件的命名、保存的路径，以及需要改写时最大的日志大小（如图 11.3 所示）。

Windows 防火墙产生的最终日志文件只是一个 txt 文档，可以用记事本或任何其他的文本编辑程序来查看。提供的信息包括日志条目的时间和数据、源 IP 地址和端口、目标 IP 地址和端口、使用协议，以及一些高级的任何具有代表性的日志。由

图 11.3　Windows 防火墙的日志设置

于信息是以 txt 文档的形式保存，各栏信息都不是排列地很好，以至于较难与各栏从属的信息匹配。其他的个人防火墙软件，如 Trend Micro's PC-cillin 安全套装（如图 11.4

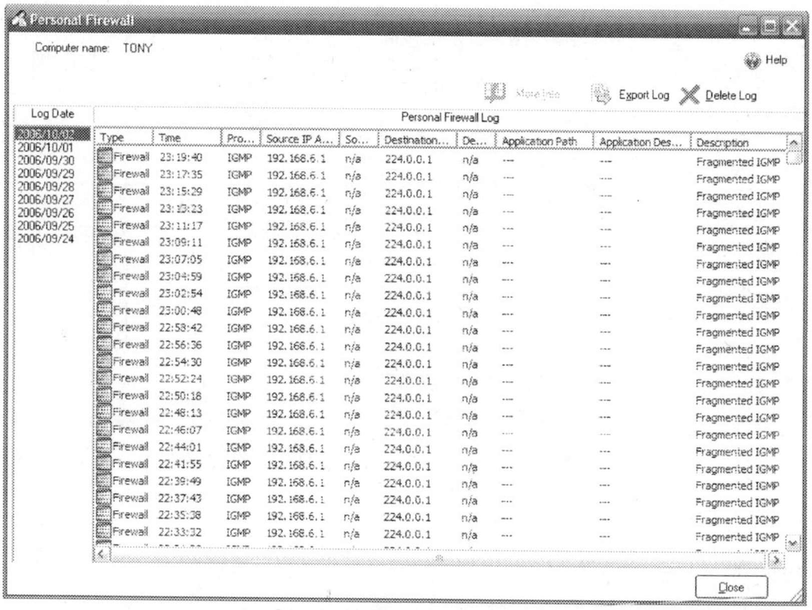

图 11.4　Trend Micro PC-cillin 个人防火墙

所示）的个人防火墙组件，提供一个图示化的日志查看器，使区分哪些信息属于哪栏变得更容易。

一般的，防火墙日志显示了源和目标 IP 地址，以及接入或来自你的计算机的源和目标端口。一些个人防火墙提供更多的详细资料，例如，使用了什么样的网络协议、产生传输的应用，以及其他的事宜。

正如我坚持认为的，这些信息更复杂、更混乱，超过大部分家庭用户能处理的限度。无论如何，应该隔离明显可疑的、基于已使用的应用程序的或日志条目记录的通信；这些信息也许可以帮助决定怎么样或什么时候你的计算机被感染或受到威胁。

扫描计算机

扫描防火墙日志或查看 Windows 事件检查器的条目，对一般用户来说都太需要技术了。如果要分析日志数据，看起来就更棘手和复杂，而不是你所喜欢的，或许开始使用防病毒以及病毒隔离软件来扫描系统。

如果发现系统不正常的运行或是异常得慢，或是有理由怀疑有异常情况，运行一个手动杀毒和隔离软件来扫描系统（如图 11.5 所示）。需要清醒地认识到，整个系统的扫描通常情况下需要相当长的时间来完成，而且也非常耗内存和处理器。换句话说，当运行扫描时，需要等上一会儿或做其他的事情，因为计算机在这个时候同时完成其他的任务太难了。

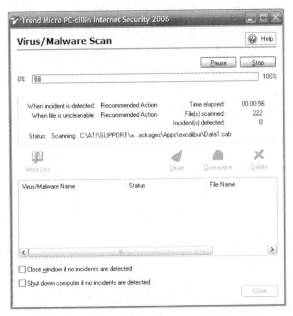

图 11.5　运行一个完全手动扫描计算机的杀毒软件

开始运行一个针对病毒或间谍软件的扫描之前，有必要验证使用的是软件供应商提供的病毒或间谍软件是最新版本。如果危及机器安全的恶意软件仅仅是昨天才被发现，那么使用上周的病毒信息来扫描系统将变得毫无意义。

在某些情况下，确实需要重启计算机进入安全模式来执行扫描，原因是一些间谍软件可以嵌入或关闭进行防病毒或防间谍软件扫描的进程。也有些恶意软件的威胁非常顽强，当扫描程序仍然运行在内存时，不能删除或清理干净。启动计算机进入安全模式，仅仅容许最小的进程数运行，但底层恶意软件可以程序化为在系统启动时就开始运行。

还原系统

当计算机系统需要发现并处理故障和修复问题时，Windows XP 提供了一个非常有用的功能。系统还原功能迅速回到计算机流畅运行的状态。当隐约觉得开始在计算机中有一些问题，或是认为计算机已经被感染时，可以简单地还原到早期系统的还原点来清除损害。

单击"开始｜所有程序｜附件｜系统工具｜系统还原"，打开系统还原控制台。可以使用系统还原控制台来还原系统到一个特定状态或设定一个新的系统还原点（如图 11.6 所示）。通常安装一个新的软件在 Windows 都会自动地产生一个新的系统还原点，如果出现异常情况，也可以在配置改变之前手动创建一个系统还原点作为安全网来删除更改。

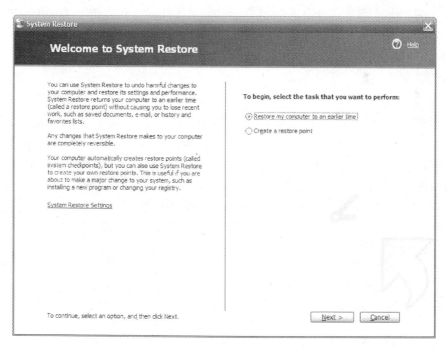

图 11.6　系统还原控制台

如果单击"恢复我的计算机到一个较早的时间"，然后单击"下一步"按钮，有效系统还原就出现一个日期。系统还原点保存的日期就出现了，可以单击一个日期，选择需要使用的系统还原点，然后单击"下一步"按钮。

最后屏幕提示 Windows 将会关闭，然后作为新的系统还原进程来重新启动，因此任何在系统还原点创建之后安装的程序都会丢失。这也保证任何数据文件都会被保留，通过恢复特定系统还原点，就不会丢失 Word 文档或 Quicken 财务数据。

从头开始

如果计算机事实上已被感染或受到了威胁，应当庆幸安全软件如防病毒和反间谍软件应用程序，还可以识别和删除问题。尽管根据威胁，简单地靠"清除"不足以解决问题。

你知道吗？

启动进入安全模式

许多恶意软件程序会嵌入 Windows，每次重启计算机都会自动启动备份。有时，安全软件不能删除一个已经运行的蠕虫病毒或间谍软件威胁，因为间谍软件在重启计算机时都启动自身备份，此时落入了一个恶性循环。

进入安全模式，可以只启动 Windows 而不运行间谍软件进程。进入计算机安全模式，需要重启系统和重复地按 F8 键进入根目录。技术上来说，需要按住 F8 键直到屏幕上出现"Starting Windows…"消息，但是因为出现和消失得很快所以很难把握正确的时间。

在菜单中选择"安全模式"，按 Enter 键完成启动进程。一旦在安全模式下完成了操作，就可正常重启计算机进入 Windows。

对于大多数的病毒、蠕虫和间谍软件，实行简单地操作、检测和删除恶意软件就可以了。尽管有时候一旦系统被感染就很难正确判断是否受到威胁。防病毒软件也许可以删除被检测的恶意软件，但却不能识别攻击者留下的后门或木马软件。

如果不能确信计算机对恶意软件威胁做了充分地防御、没有恶意程序停留在计算机、允许攻击者的访问或控制计算机，应该考虑简单地重启。确定已经备份个人数据后，重新启动 Windows 操作系统。

在弃用计算机系统之前，需要确定拥有可用的至少是 Service Pack 2 版的 CD，这样可以使用它来安装而不需要再连接因特网。一旦重新安装操作系统，则需要浏览 Windows 更新网站或使用自动更新来获取系统补丁。

恢复数据

以常规的系统维护和数据保护为例，需要有规律地备份个人或重要数据。只有能够决定以什么样的频率才足够好。对于一家小型企业来说，每天都备份来保护客户数据和交易好像行不通。但是，如果你是一个家庭用户，仅仅关心个人财务信息，也只需要每个月记录一次账单，那么每个月备份一次就足够了。

无论如何，备份数据是很关键的。在这一区域，墨菲定律（Murphy's Law）总是会咬你一口。如果备份了数据，就可能不需要这些。但是如果没有备份数据，就会引起灾难性的攻击。或是一些恶意软件，以及一次简单的、经常缠绕硬件驱动失败就可能丢失使所有的数据，这也仅仅是时间上的问题。

作为探讨，我们假设你已经有规律地备份了系统。可以使用第三方备份产品，如Backup For One 或者 WinBackup，也可以使用 Windows XP 内置的备份驱动程序（如图 11.7 所示）。无论使用哪种方法，一旦完成对操作系统的重新安装后，都需要遵循供应商的说明来恢复备份数据。

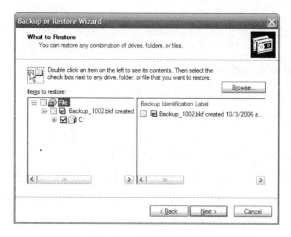

图 11.7　Windows XP 内置备份驱动程序

求助专家

在系统还原或简单重装操作系统和从备份来还原数据之间，大多数家庭用户应该可以删除或撤销导致问题的程序和配置更改来恢复使用计算机。

尽管作为商业活动，还牵涉其他一些法律程序。商业活动可能被一系列计算机安全规章制度来管理，规定客户或财务数据必须如何存储和保护，以及当怀疑数据安全受到威胁时必须采取的措施。

对于小型办公或家庭办公计算机来说，某种程度上怀疑也可能是计算机受到感染或是危及计算机的安全，需要寻求专家的帮助来确认遵循了规则和采取合适的措施来清理系统，以及收集证据来识别攻击者，通知个人或保密数据受到威胁的任何客户。

小结

如果已经遵循本书其余部分的建议，则有希望不用再担心受到灾难。但是，即使是最好的安全性，也完全有可能在某天，计算机被感染或受到恶意软件的威胁，或是一些其他类型的攻击。

本章介绍了当一个攻击或安全性漏洞发生时，应该采取的一些可以识别和清除来自计算机的任何威胁的措施手段。你也学会了如何配置和使用 Windows 事件检查器来检查安全性日志，以及怎样分析个人防火墙日志来识别侵入或可疑的活动。

本章也讨论了运行手动扫描来为计算机扫描病毒、间谍软件或其他恶意软件，包括受到特别顽强的威胁时在安全模式下怎样采取同样的措施。你也学会了用系统还原来恢复到原来的配置来解决问题，尽管有时候最好的办法仅仅是重新安装操作系统、还原个人数据，完完全全地确保计算机已经清理干净和安全。

最后，我们讨论了关于请求专业帮助，特别是在商业活动中，当私人的或个人确认的客户信息已经受到威胁。商业活动都由许多计算机安全规章来管理的，规定什么样的安全漏洞需要处理。

其他资源

以下资源提供更多与本章内容相关的信息：

- *Backup for One*. Lockstep Systems，Inc.
  (www. backup-for-one. com/index. html)
- Bradley，Tony. *How to Configure the Widows XP Firewall*. About. com
  (http：//netsecutity. about. com/od/securingwindowsxp/qt/aaqtwinfirewall. htm)
- Bradley，Tony. *How to Enable Security Auditing in Windows XP Pro*. About.
  Com (http：//netsecutity. about. com/cs/tutorials/ht/ht040503. htm)
- *How to restore the operating system to a previous state in Windows XP*
  Microsoft. com. (http：//support. microsoft. com/kb/306084/EN-US/)
- *How to use Backup to restore files and folders on your computer in Windows XP*. Micorsoft. com (http：//support. microsoft. com/default. aspx? scid ＝ kb；％
  5D1n％5D；309340)
- *To Start the Computer in Safe Mode*. Microsoft's Windows XP Professional
  Product Documentation (www. microsoft. com/resources/documentation/win-
  dows/xp/all/ producs/en-us/boot_ failsafe. mspx? mfr＝true)
- WinBackup. Uniblue Systems Ltd. (www. liutilities. com/products/win-backup/)

第 12 章
Microsoft 的替代品：Linux

本章主要内容：

- 公共桌面环境
- X Windows 服务器和 Windows 管理器
- 电子邮件和个人信息管理(PIM)客户端
- Web 浏览器
- 办公应用套件
- 在 Linux 平台上运行 Windows 应用程序

- √ 小结
- √ 其他资源

引言

本书前面主要关注如何为运行 Microsoft 操作系统（特别是 Windows XP）的计算机提供保护和安全。然而，这些软件不会在当地电子产品零售巨头那里购买计算机时就典型预装在计算机操作系统上，而且除此之外还有别的选择方案。Microsoft 一直热心关注他们软件的弱点和缺点，而这也正是攻击者的攻击目标。一些安全专家建议说，简单地解决方法是使用其他的软件产品，如 Linux 操作系统系列的软件。

当谈到 Linux 时，大多数终端用户对供应商或顾问关注的重点不是很感兴趣（例如，他们所呼吁的"技术领先"的优势）。高科技关注的重点是卖点，如系统的稳定性、增强安全性的可能性，以及 Linux 可以从版权方面节省公司开销的事实。

然而，大多数终端用户只关心自己的桌面使用体验。从用户的角度来说，希望有一个"直观"且"容易理解的"桌面。而且用户还暗示，希望有一个类似已经习惯使用的桌面。Microsoft 和苹果所做的令人钦佩的事情之一，就是使终端用户信服，让终端用户认为，他们的界面一直很直观且易于使用，尽管他们已经在过去 10 年从根本上改变了这些界面。

一旦终端用户登录，他们想知道如何访问与工作有关的应用程序。他们想知道如何在硬盘上找到文件，并用适当的应用程序打开。对于其他，他们关注的很少。

因此，本章将介绍选择合适的桌面环境和窗口管理器的方法。你将学到，电子邮件、个人信息管理（PIM）和 Web 浏览器应用程序是最适用于从已有应用程序移植的，这些已有的应用程序包括 Outlook、Outlook Express 和 Internet Explorer，因为开启 Word、PowerPoint 和 Excel 文件，需要知道理想的 Linux 的 Office 程序套件，以及其额外的开放源码的解决方案。本章结束时，你将知道如何在桌面上进行正常的工作。

公共桌面环境

以前，UNIX 系列操作系统（与当时其他操作系统一样）没有图形用户界面（GUI）。到了 Macintosh 和 Windows 出现时，UNIX 系统对于普通终端用户来说，已变得有些难以理解了。

随着 Linux 的日渐普及，如 Linux 是否使用命令行的问题正变得不太常见。然而，终端用户面对的首要任务之一是选择正确的桌面环境。

如果想要选择一个桌面环境，可以考虑如下因素：

- 是否易于使用（简单易学）
- 是否容易定制
- 是否能轻松升级

当然，"容易"只是一个相对的字眼，但你将不得不考虑最常见的桌面环境相对的优点和缺点。记住，任何基于 UNIX 的操作系统，做任何事情都有不止一个方法。应该能从提供一系列选择的顾问那里得到信息，并要求顾问判断推荐的桌面环境。

最常见的桌面环境是 Gnome（www.gnome.org）和 KDE（www.kde.org）。其他

现存的桌面环境包括公共桌面环境（CDE）及 Xfce。本章将讨论以上的桌面环境。但是事先说明：不要认为相对于其他桌面环境，我们对某一种桌面环境有偏好。我们比较喜欢黑盒（Black box）窗口管理器所提供的桌面环境，主要是因为其简洁的界面风格，而且它并不模仿 Windows 桌面。"正确的"选择一个桌面环境取决于多种因素。

为了避免成为"Gnome 和 KDE 之间"战争的受害者，找一个顾问展示各种桌面环境。然后试用一番，只有在那时候，才能够做出一个比较明智的选择。因此，如上所述，考虑每个环境相对的优点和缺点。

Gnome

Gnome 桌面是由 GNU（www.gnu.org）项目开发的，负责为包括 Windows，Linux 和 Macintosh 的各种平台开发各种各样的软件。图 12.1 为红帽（Red Hat）Linux 系统上的 Gnome 桌面。

然而，要明白在如图 12.1 所示的桌面代表默认设置。有可能定制桌面，而和默认设置完全不同。Gnome 为用户提供了以下好处：

- 它和 GNU（www.gnu.org）项目相关，因此 Gnome 是由 GNU 组织的通用公共许可证（GPL）授权的，这就确保了其代码是来源于开放的源代码和免费提供的技术。

图 12.1　Gnome 桌面环境

- 许多应用程序是为 Gnome 写的或是使用了 Gnome 的库。Gnome 欢迎使用不同开发环境来开发其桌面环境，这些开发环境包括了 C、C++、Tcl/TK 和 Python，Gnome 也以这点为骄傲。Gnomes 对 GPL 的使用也是 Gnome 可以使用多样的应用程序的一个促成因素。

- 其代码是由该项目同一团队评审的，如 Gnupg 团队（基本上是 PGP 程序的开源码项目的团队）和许多其他应用程序的团队。

- Gnome 桌面的开发者已采取了特别措施，以确保 GNOME 是方便残疾人士的。

- 如果要使用如 Galeon、Evolution 和 Gnomemeeting 的应用程序，可以考虑使用 Gnome 作为默认的桌面。

- Gnome 往往被视为更简洁，因为在默认情况下，提供了更少的选项。

Gnome 桌面环境往往不会像 KDE 的桌面那样紧密集成。此外，Gnome 应用程序更新的一直比 KDE 程序慢。不过，许多厂商已采用 Gnome 的程序，因为它和 GNU 关联，这就意味着该软件更有可能保持开放源代码。若要了解更多关于 Gnome 的信息，登录 www. Gnome. org。

KDE

对许多人来说，KDE 看起来最象 Windows 环境。如图 12.2 所示的就是在红帽 Linux 系统上的 KDE 环境。

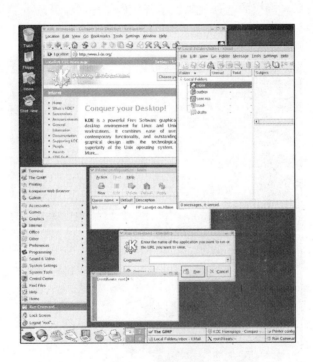

图 12.2 使用 KDE

对比图 12.2 与图 12.1 可以看出，红帽公司尽力使两者的界面看起来十分相似。但并不一定如此。KDE 提供了以下好处：

- 和应用程序紧密集成。可以说，开发 KDE 的人的出发点是设计一款合乎逻辑的、组织连贯的桌面。终端用户往往觉得，使用 KDE 桌面可以更迅速地访问更多的应用程序。

- KDE 桌面提供了书写良好的应用程序，可以轻松地配置网络。
- 如果喜欢如 KMail 和 Konqueror 的应用程序，则使用 KDE 作为默认桌面。

KDE 环境的一个弊端是它往往不会与不同开发环境共同开发，而 Gnome 却并非如此。因此，你不能找到很多如在 Gnome 中和 KDE 兼容的应用程序。KDE 是基于 Qt 开发工具集的，因此不是基于 GNU 的 GPL 的。虽然现在已不再是如此，然而这一段历史，造成至少在整个 20 世纪 90 年代许多开发商采用了 Gnome。此外，还有一个普遍的看法认为，KDE 的运行慢于 Gnome。就我个人而言，我们发现 KDE 和 Gnome 相对于更简朴的环境（如黑盒）运行速度都较慢，这将在本章中稍后讨论。

背景注释

避免争议

从某些方面来说，我们希望并没有以 Gnome 和 KDE 的 "优点和缺点" 的形式进行讨论。讨论 KDE 和 Gnome，往往使人们很快变得激情四溢。你将不得不根据自己的情况确定最佳的桌面环境。确保咨询的任何顾问是在坚实的商业原因的基础上给出建议，而不是他们个人的喜好。

共同的特点

GNOME 和 KDE 都有以下特点：
- 易用性和个性化
- 支持多种语言

Gnome 和 KDE 都支持 Windows 一样的菜单。只要是有经验的 Windows 用户，就知道到哪访问所需要的程序，应该能相当迅速地适应。KDE 和 Gnome 都有自己的 "开始" 应用程序对话框，允许终端用户来启动不在菜单上的应用程序。再次声明，最好的选择策略是试用这两种环境。

虽然它们运行相当缓慢，但是 KDE 和 Gnome 都以提供了全面的 GUI 环境为荣。很多人都使用强大的、现代化的电脑，因此这往往不是一个问题。

同时安装两个，选一个作为默认

如果磁盘空间允许，同时安装 GNOME 和 KDE，然后选择要使用的桌面为默认环境。因此，可以同时在 KDE 和 Gnome 两种环境中使用应用程序。并不是每个 Gnome 应用都与 KDE 环境兼容，反之亦然。不过，相容性问题正日益减少。

对额外的桌面环境进行研究，并决定如何选择。这样将有权选择和定制自己的桌面环境。

窗口管理程序的备选

Xfce 桌面环境是被设计运行在包括 Linux 在内各种 UNIX 系统上的。它也被设计与 Gnome 和 KDE 兼容。Xfce 最大特色之一是较其竞争对手而言，更全面地支持 "拖放"式的文件管理。更多的 Xfce 信息登录 www. xfce. org。

另一种可供选择的桌面环境是公共桌面环境图 (CDE)，这是由一只来自 HP、Novell、SUN 和 IBM 公司的开发人员的开发的。SUN Solaris 系统一直兼容 CDE。它不是一个普通的窗口管理器。更多关于 CDE 的信息登录 wwws. sun. com/software/solaris/cde/。

X Windows 系统和 Windows 管理器

X 窗口系统的设计目的是提供一个基于标准的 GUI 环境。因此，想创建 X 窗口服务器的开发者，只需要阅读通用标准即可，他/她便可以创建符合这些标准应用程序。

X 环境从一开始就被设计为网络兼容的，也就是说，有可能在网络上运行 X 窗口的会话。因此，使用 X 窗口环境，可以连接到一个远程系统的 X 桌面服务器，如同直接坐在面前一样远程控制。

X 窗口服务器负责确定图形用户环境是否可用。这样的环境最经常提供给本地系统，但也可以提供给远程系统。因此，当登录到 Gnome 或 KDE 的环境，正在运行的是 X 窗口会话，而该 Gnome 或 KDE 的环境，只是本地系统的客户端。

两个现存主要 X 视窗环境的情况是：

- **X. org**　X 窗口服务器被大多数 Linux 发行版所用，因为符合 GPL。
- **XFree86**　直到大约 2002 年，大部分平台确认 X 窗口服务器软件为默认的。然而，XFree86 通过了一项新的许可证，而放弃了 GPL。因此，许多供应商和开发商开始支持 X. org 服务器。

如图 12.3 所示为 X. org 的网站。

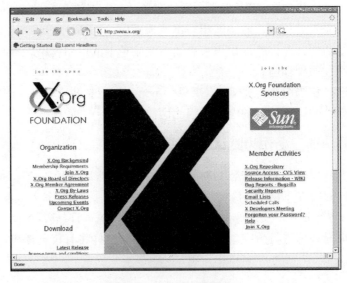

图 12.3　X. org 的网站

X Windows 服务器和 Windows 管理器

窗口管理器介于 X 服务器和桌面环境之间。它负责管理窗口工具栏和菜单，确定应用程序启动时的位置。常用的窗口管理器包括

- **Metacity**　Gnome 桌面 8.0 版之后默认窗口管理器。
- **Sawfish**　Gnome 桌面 8.0 版和 8.0 版之前默认窗口管理器。
- **Kwin**　KDE 的默认窗口管理器。
- **标签窗口管理器（TWB）**　一款旧的窗口管理器，设计用来为桌面提供必要的元素。它常被用在远程的 X 会话中，以确保最高的系统相容性，因为这些系统未必安装更加复杂的窗口管理器。
- **Enlightenment**　Enlightenment 曾一度要升级到 FVWM。不过有一段时间，它一直是独立的项目。如要了解更多关于 Enlightenment 的信息，可以登录 www. enlightenment. org。
- **FVWM**　最新版本的 FVWM 是 FVWM 2，可在 www. fvwm. org 获取。
- **AfterSTEP**　可以在 www. afterstep. org 了解更多关于 AfterSTEP 的信息。
- **WindowMaker**　可以在 www. windowmaker. org 了解更多关于 WindowMaker 的信息。
- **Blackbox**　黑盒支持 KDE，但不正式支持的 Gnome。可以通过 http:// blackboxwm. sourceforge. net 获取黑盒。

至少有十几个窗口管理器存在。选择一个窗口管理器很有意义。如果期望完全的 KDE 环境，并且最接近地模仿 Windows，可以使用 Kwin。如果要一个较简单的桌面，可以使用 WindowMaker 或黑盒。如果要一个和 Macintosh 系统桌面完全一样的桌面，可以选择 Metacity。更多关于窗口管理信息到 www. xwinman. org 查看。

工具和陷阱

桌面环境、X 窗口服务器、窗口管理器……有什么不同？

你可能不明白桌面环境、X 窗口服务器和窗口管理器之间的差异。这里对每个进行简短讨论。

桌面环境如 Gnome，与窗口管理器不是一回事。桌面环境包括许多应用，如配置应用程序（例如，SUSE Linux 的 yast/yast2 或 mandrake Linux 的 draconf）和默认应用程序（例如，文字处理程序、FTP 应用程序和计算器）。桌面环境包含窗口管理器。没有了桌面环境，将只有一个干巴巴的图形化的环境，这将疏远大多数习惯 Windows 的用户。

X 窗口服务器是 Linux 的图形用户界面的基础。它负责提供字体和网络功能。没有 X 窗口服务，将无法拥有图形用户界面。

窗口管理器是 X 窗口服务器的客户端（例如，X. org 或 XFree86 组织的 X 窗

口服务）。它在幕后工作，并负责桌面窗口的外观和体验，包括工具栏和菜单的外观。窗口管理器也负责控制菜单如何出现在桌面上。如果访问 Linux 系统，开始 X 窗口会话，然后开启任何应用程序。看看这些应用的标题栏如何显示。注意，应用程序是如何在画面某一部分出现的（例如，在中心或在左边）。使用鼠标的按键，这些因素都是窗口管理器控制的。如果没有窗口桌面管理器，由 X 窗口服务器服务的内容将不连贯，而且不会有一个共同的主题。

作为桌面环境的备选方案的窗口管理器

选择不仅限于 Gnome、KDE、CDE 和 Xfce。如图 12.4 所示是选择黑盒窗口管理器为桌面环境的备选。黑盒和 Gnome 和 KDE 都颇为不同。例如，它没有安装如 Windows 一样的菜单或任务条。此外，黑盒是一个窗口管理器，不是一个简单的桌面环境。

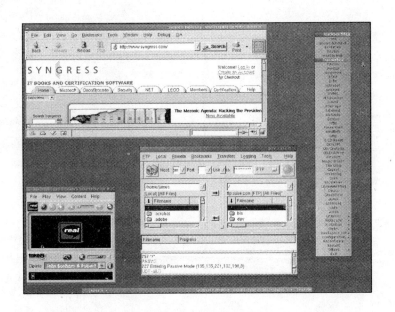

图 12.4 黑盒环境

只需在桌面上右击，在弹出快捷菜单中选择要执行的应用程序即可。如黑盒这样的环境的好处之一是，它减少了对资源的敏感程度，因此加载速度较快。在任何情况下人们更喜欢速度，主要是因为没有钱在每次 Gnome 或 KDE 的开发人员提出一种新的图形用户界面功能的时候，去购买一个新的系统。

背景注释

你想要什么？

当从 Windows 迁移到 Linux 桌面时，需要考虑以下几点：

（1）确定需求。确定所需的服务。创建一个需求详细清单。目前需要一个顾问，并且问他/她现在是否存在开放源代码替代品。如果 Linux 不是该解决方案的一部分，不要让顾问尝试把 Linux 强加到环境中。如果这样做，最终会成为一个不满意的客户。

（2）找出解决方案。务必找到一个能够理解现存的开放源代码的选择的顾问。务必确定顾问已了解最新的解决方案。经常访问如 freshmeat（www.freshmeat.net），SourceForge（www.sourceforge.net），甚至 Slashdot（www.slashdot.org）的网站，保持对最新的软件发展动向的了解。

（3）满足所有需要。会晤使用基于 Linux 的应用程序的顾问，来制定合理的可行的解决方案，该解决方案能够以最低限度的再培训，获得所期望的服务和获取所需的信息。确保顾问已运行了广泛的测试部署，以确保该解决方案真正满足需要。另一个步骤是进行最后的验收测试。你希望有一个"宽限期"，可以判断解决方案是否工作正常。最后，确认从一名顾问那里接受了适当地训练，了解这一解决方案。

即使最有经验的顾问也不能在各方面取悦客户。确保已经按照前面的 3 个步骤执行，以避免对顾问失望。

电子邮件和个人信息管理（PIM）客户端

电子邮件与个人信息管理（PIM）已变得密切相关，因为现在大多数人通过电子邮件互通有无。本节将讨论电子邮件与 PIM 软件，这些软件将帮助在没有使用 Outlook 时，依然工作有序。

据我们所知，大多数终端用户认为 Outlook 就是电子邮件。很多人都没有意识到，他们只是使用一款应用程序来发送和接收电子邮件。因此，即使不再使用 Outlook 或 Outlook Express，仍然可以使用电子邮件。

如果不知道除了 Outlook 或 Outlook Express 以外，电子邮件如何存在，参阅下列内容。在 Linux 的世界中，确实不乏电子邮件应用。常用的电子邮件应用程序包括

- Evolution
- KDE 套件/KMail
- Mozilla 邮件/Thunderbird
- Aethera
- Sylpheed

Evolution

Evolution 是 Gnome 的默认邮件和 PIM 客户端。KMail 和 Evolution 将运行在任何决定使用的窗口管理器中。它们还可以运行在 KDE、Gnome 或黑盒的环境中。如图 12.5 所示是 Evolution 电子邮件的界面。通过它可以发送和接收电子邮件。

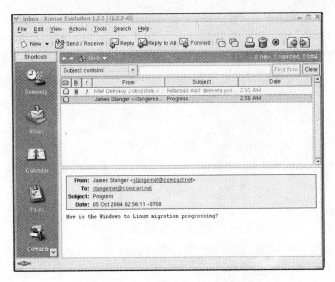

图 12.5　Evolution 及其电子邮件界面

Evolution 以 mbox 的格式存储文件。如果用户名是 james，可以在/home/james/evolution/local 目录中查找电子邮件，其中包含所有的邮件文件夹目录。每个文件夹内有一个名为 mbox 的文件，这是 mbox 格式的邮件。

Evolution 也有 PIM 功能，并且包含日历功能，如图 12.6 所示。

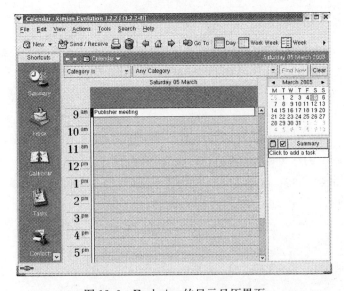

图 12.6　Evolution 的显示日历界面

使用 Evolution 的优点如下：

- 它是由 Novell 公司开发的，该公司历史上已经发展了坚实的客户基础。
- 它可以运行在任何公共的窗口管理器上（例如，KDE 或 Gnome）。
- 它被设计用来和公共群组软件服务器协同工作，如 Microsoft Exchange。

Evolution，Microsoft Exchange，Novell Group Wise 和 OpenExchange

Evolution 的独特之处是它与其他供应商制造的服务器协作良好。例如，Evolution 和 Microsoft Exchange 的连接器允许利用 Exchange 提供的所有功能。同样，Evolution 的插件允许作为 Novell GroupWise 和 Novell 的 OpenExchange 服务器的客户端。可以在 www. novell. com/products/evolution 了解更多关于 Evolution 的内容。

KDE 套件/ KMail

KDE 的默认邮件客户端是 KMail。它可以运行或内置于 Kontact，这使得它看起来更像 Outlook。在 KMail 和大多数其他的邮件客户端中，所有的邮件最终会存放在主目录的一个称为"邮件"的文件夹中，除非使用 IMAP。在/home/user_ name/Mail 目录的文件夹中是所有邮件文件，如收件箱、垃圾箱、已发送、草稿等。复制文件并确保正确设置权限，以便对它们有惟一的读写权限。邮件文件夹看起来如下所示：

ls-lh /home/james/Mail

total 11M

-rw------- 1 james james 0 Aug 20 19:51 drafts

-rw------- 1 james james 11M Aug 20 19:51 inbox

-rw------- 1 james james 0 Aug 20 19:51 outbox

-rw------- 1 james james 26K Aug 13 19:04 sent-mail

-rw------- 1 james james 0 May 17 18:32 trash

如图 12.7 所示为 KMail 应用程序。

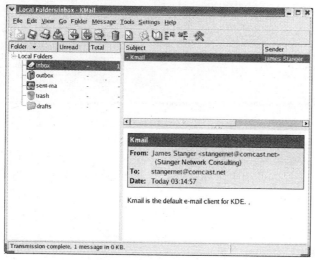

图 12.7　KMail

Kontact

Kontact 基本上和 Kmail 相似。它可以连接到下面的组件服务器：

- **Microsoft Exchange** 目前，Knotact 仅仅支持 Microsoft Exchange 2000。更多的信息可以在 www. microsoft. com 查询。

- **Novell GroupWise** 目前，Kontact 有了 6.5 版本。更多的信息可以在 www. novell. com 查询。

- **eGroupWare** 基于 PHP 的组件应用是由开源社区设计并为之服务的。eGroup-Ware 在 Linux 服务器上运行。更多的信息可以在 www. egroupware. org 查询。

- **The Kolab project Kolab** 由德国政府首先建立的组件服务器。更多的信息可以在 www. bsi. bund. de 查询。

因此，KMail 是 Evolution 的一个竞争对于。更多的信息可以在 www. kontact. org 查询。

Aethera

与 Evolution 相似，Aethera 是一款绑定在个人信息管理（PIM）软件中的 E-mail 应用软件，使用 GPL 通用公共许可证。尽管如此，写本书时，Aethera 仍被设计为只支持 Kolab 组件服务器。图 12.8 显示了 Aethera 的日程表功能部件。

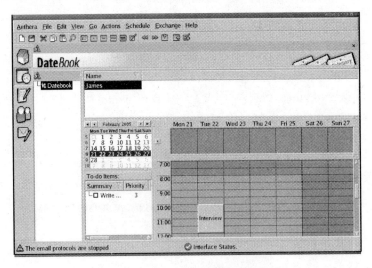

图 12.8　Aethera 的日程表功能部件

Aethera 是一款应用 GPL 通用公共许可证的软件，并且在可靠性方面得到相当高的评价。然而，它只支持有限的协同组件，这对不想转而使用 Kolab 服务器的公司来说可能是一个问题。可以在 www. thekompany. com/projects/aethera/index. php3 了解更多的相关信息。

Mozilla 邮件/Thunderbird

如图 12.9 所示，Mozilla Mail 绑定了 Mozilla 浏览器和 Composer，一个图形用户

界面的 HTML（超文本标记语言）编辑器。Mozilla Mail 是一款强大的 E-mail 客户端软件，支持 SMTP，POP 3 和 IMAP 协议。

图 12.9　Mozilla 邮件

　　Mozilla 邮件是一款非常通用和稳定的产品。因为它绑定了 HTML 编辑器和一个浏览器，所以对于需要一款集成化组合软件的公司来说，这将是一个理想的推荐。许多公司发现，终端用户会从 HTML 编辑器和 Web 浏览器中得到便利。可以在 www. mozilla. org 了解更多关于 Mozilla 邮件的信息。我们也还将在"移植邮件"小节中讨论 Mozilla 邮件。

Thunderbird

　　尽管 Thunderbird 也是 Mozilla. org 的研发者开发的，但用了与 Mozilla Mail 不同的代码。因此 Thunderbird 应该被看作是一款不同的应用软件。图 12.10 展示了 Thunderbird 软件。

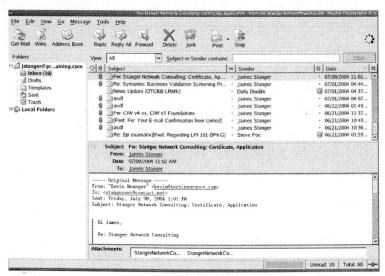

图 12.10　Thunderbird 软件

Thunderbird 不支持组件服务器、加载页面迅速、占用内存空间小，这使它成为理想的独立 E-mail 软件。可以从 www.mozilla.org 了解更多关于 Thunderbird 的信息。

Sylpheed

如图 12.11 所示，Sylpheed 是市面上存在的众多 E-mail 应用软件中的一个，没有组件和日程表功能，但有一点做得相当好：支持 PGP 和 GPG。尽管许多客户端声称也支持 PGP 和 GPG，但很少能有 Sylpheed 工作得那样好。

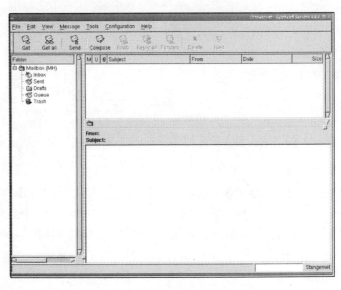

图 12.11　Sylpheed 软件

所以，如果需要使用 PGP 或 GPG，则考虑使用 Sylpheed。欲了解更多关于 Sylpheed 的信息，登录 http://sylpheed.good-day.net。Sylpheed 的研发者已经聚集力量以确保其支持 IPv 6，IPv 6 是设计用来改进安全性的下一代 IP 协议。

必要的信息

不管打算使用什么客户端，都需要下列信息：
- SMTP 服务器名或 IP 地址
- POP 3 或 IMAP 服务器名或 IP 地址
- 用户认证信息（例如，用户名和口令）

花些时间记录这些信息在手边备用，因为进行一次移植时，不会希望总是重复这些信息给帮助你的人。

E-mail 和 PIM 软件

不要认为非得接受某位顾问的一项关于 E-mail 或 PIM 应用软件的建议。在很多情况下，可能必需安装多种软件来满足需要。例如，可能需要使用 Evolution 连接公司的 Exchange 服务器，并使用日程表，而同时使用 KMail 收取因特网的 E-mail。更有可能的是，想把使用某一款软件定为标准化应用。

　　如果更喜欢使用 Outlook，很可能就会喜欢用 Evolution；如果已经使用了 Windows 下 Mozilla/Netscape/Thunderbird 中的一个，将发现很容易转而使用其在 Linux 下相应的产品。如果仍然在使用 Eudora，将喜欢选择 KMail，因为它们有相当类似的外表和感觉。所有这些应用软件都相当稳定且功能丰富。

移植邮件

　　如果使用了 Outlook 以外的软件管理邮件，可能不必非得转换 E-mail 的格式，因为邮件很可能已经以 mbox 格式存储。然而如果使用了 Outlook，则必须转换邮件的存储格式。有 5 种方法可以实现转换，从最简单的开始，直到留下"如果其他的都失败了"的方法。依据正在使用的客户端的版本，在开始移动邮件之前，可能必须升级。如果移植一个客户端软件中大量的邮件，移植工作将耗费很多时间。

　　一种最好的确保有时间进行一次完善移植的方法是做一个阶段移植计划，包括使用多种软件来转换 E-mail 格式，可能会发现不能直接将邮件从一个 Windows E-mail 软件输出，然后输入到一个 Linux 下的 E-mail 软件中。发现必须先将邮件导出到一个 E-mail 中间客户软件中，然后再导出 E-mail 到想要使用的 E-mail 软件要求的格式中。

　　现在，介绍从 Outlook 和 Outlook Express 中移植邮件的步骤。

从 Outlook 或 Outlook Express 中移植邮件

　　首先，为了防止出现任何意外问题，备份 E-mail。在 Outlook 中，需要导出 E-mail 信息到一个 .pst 文件中。方法是先单击"文件|导入和导出"，启动"导入导出向导"对话框，然后选择"导出到文件"选项，如图 12.12 所示。

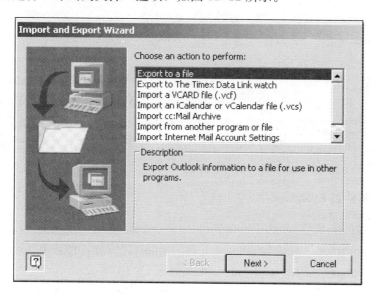

图 12.12　Microsoft Outlook "导入导出向导"窗口

　　单击"下一步"按钮后，选择"个人文件夹文件（.pst）"。然后，选中"个人文件夹"的根目录上的复选框，并确保复选了其所有子目录。确保记住保存 .pst 文件的目录。保存文件时，不要使用任何加密、压缩、口令保护来导出备份。如果这样做，导入过程会失败。下面可以导入这个文件到 Mozilla 之中。

将 Outlook 邮件导入到 Mozilla 中

现在，在 Windows 桌面系统中安装 Mozilla。这一步要确保选择的是 Mozilla 而不是 Firefox 或 Thunderbird，即使不想在安装过程结束后运行 Mozilla。

首先安装 Mozilla，在选择安装组件时要选择"完全安装"。不必让系统以 Mozilla 作为默认浏览器或 E-mail 客户端。安装以后，打开 Mozilla 并单击窗口｜邮件和新闻组，但不需要填写弹出的"账户注册"向导中的设置信息。可以从 Outlook 中将这些信息导入，这将显示为一个新账户。

建立账户后，需要把从 Outlook 导出的老邮件导入 Mozilla 中，并且对移植邮件软件设置和通讯簿做相同的操作。如果愿意，可以从 Outlook 或 Outlook Express 中导出通讯簿为 .csv 文件，然后用和移植邮件一样的方法导入 Mozilla 中。

操作时，在导入页面中单击工具｜导入，选择"邮件"，然后选择邮件导入的客户端，软件会自动完成后面的工作。这几步完成后，还要将邮件从 .pst 文件格式转为标准的 mbox 邮件格式。在实例里，导入的邮件文件夹为 C：\ Documents and Settings \ james \ ApplicationData \ Mozilla \ Profiles \ default \ 033c70c1. slt \ Mail \ LocalFolders \ Outlook Mail. sbd \ Inbox. sbd。

此文件夹中是 Outlook 客户端中存在的所有文件夹。每个文件夹中有两个文件：邮件文件本身和文件内容的索引。如果用类似记事本的程序打开非 .msf 扩展名的文件，将看到一个标准的 mbox 邮件文件。有些用户报告说 Mozilla 不能进行转换文件格式。

现在可以按自己喜好的方式复制这些文件到新系统中——刻录到 CD、用 FTP 上传到服务器或者用 winscp 将它们整个复制到新系统。

LibPST

LibPST 是一款 Linux 应用软件，可以将 PST 文件转换成适用于 Mozilla 的 mbox 文件。因此，一旦生成了 PST 文件，只需在 Linux 系统中安装并使用 LibPST 来准备 Mozilla 需要的 PST 文件，可以从 http：//sourceforge. net/projects/ol2mbox 得到 Lib-PST。如果有一个很大的需要转换的 PST 文件，LibPST 将是一个理想的选择。因为 Mozilla 自带的转换器经常出错。

导入 Outlook 邮件到 Evolution 中

一种将 Outlook 邮件导入到 Evolution 中的方法是使用一款称为 Outport 的软件。可以在 http：//outport. sourceforge. net 下载 Outport。例如，假设在 Outlook Express 中有一组名为 Syngress 的 E-mail 消息，类似如图 12.13 所示。

所要做的就是下载 Outport，然后双击 Outport. exe 程序，Outport 主界面就会出现，如图 12.14 所示。

Outport 界面出现后，可以选择将多种 Outlook 的组件内容导出。包括：

■ Outlook 日程表项目

图 12.13　Outlook 中的 E-mail 消息

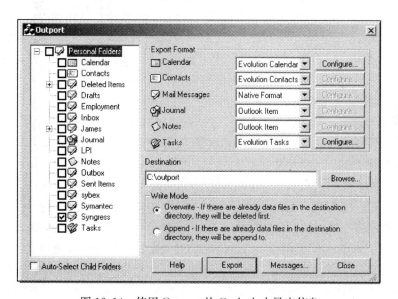

图 12.14　使用 Outport 从 Outlook 中导出信息

- 联系人
- 邮件消息
- 登录日志
- 备忘录
- 个人任务表

在单击 Export 按钮之前，需要指定一个目的目录，如前面的例子里使用的是 C：\ outport，单击 Export 按钮后，Outport 将转换并导出这些文件到 Outport 文件夹中。可以选择如 Windows 资源管理器一类的文件管理器来查看，如图 12.15 所示，也可以使用 Linux 下的文件管理器 Gentoo（www. obsession. se/gentoo）。

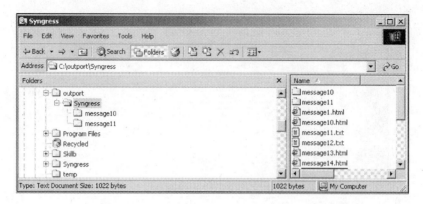

图 12.15　在 Windows 资源管理器中查看导出的邮件

一旦导出了这些文件，就可以将它们导入 Evolution 或其他软件，以便将其转换为 Evolution 可识别的文件。

文档的标准

当从 Windows 系统将 E-mail 和 PIM 个人信息管理软件设置移植到 Linux 中时，必须熟悉下列标准：

- **因特网日程和计划表核心对象规范（iCalendar）标准**　称为 Ical，定义在 RFC 2445 中。苹果机是第一批采用这个标准的。它用于个人日程表。
- **Vcalendar 标准（Vcal）**　用于安排约会的标准。
- **虚拟卡片标准（Vcard）**　是一个电子商务卡片格式，用于提供一个对日程活动统一正式的表示。这是一种跨平台的显示日程表事件的方法。Outport 可以导出到这种格式中。这个标准是在 RFC 2246 中定义的，并经常被用在 PIM 软件中。

生搬硬挪方法

最乏味的移植方法是直接将 E-mail 从一个 Windows 客户端转发到新的 Linux 系统。如果不得不采用这种方法，可能最简单的方法是转发整个邮件文件夹。然而，除非辛苦仔细地对埋在文件夹中大量的附件进行筛选（有可能），否则将大量的 E-mail 信息做为一个 E-mail 进行转发，将可能永远找不到 E-mail。因此，转发邮件的时候要做出最好地判断。

Web 浏览器

Web 浏览器并不仅仅是用来网上冲浪，也被用来启动应用程序、检查 E-mail，以及查看群件的日程表。因此，Web 浏览器变得越来越复杂，而且必须支持多种鉴别和加密机制。这一段将讨论如何选择合适的浏览器。

很多的终端用户希望 Linux 系统提供一款（且仅一款）浏览器。在 Windows 里，每个人都倾向于使用 Internet Explorer。这个浏览器自 Windows 98 以来就安装在每个电脑里，而且许多用户在 Windows 95 系统中就开始习惯了 Internet Explorer。

然而，在 Linux 中有多种选择：

- Mozilla
- Firefox
- Galeon
- Konqueror
- Opera

这里没有一款单独的 Linux Web 浏览器可以满足所有人的需要。你将不得不去熟悉许多可用的浏览器。这一部分讨论最重要的几款基于图形用户界面的浏览器。

Mozilla

Mozilla，如图 12.16 所示，实际上是一组包括 Mozilla 浏览器、Mozilla 邮件客户端和编辑器的软件。Mozilla 的优点如下：

- **分页浏览**　这项功能可以更有效率地在一个窗口中浏览多个页面。
- **Gecko 渲染引擎**　这款渲染引擎可以快速有效地渲染 Web 页面。
- **高速度**　这款浏览器可以更快地渲染页面，更轻松地载入内存。
- **稳定性**　该软件的代码经过了广泛地评审，比许多其他的浏览器更加稳定。
- **内置弹出广告过滤器**　使用 Mozilla，不需要下载第三方的软件来阻止弹出广告。
- **内置应用软件**　可以查阅新闻组并使用因特网中继聊天（Internet Relay Chat，IRC）客户端软件。

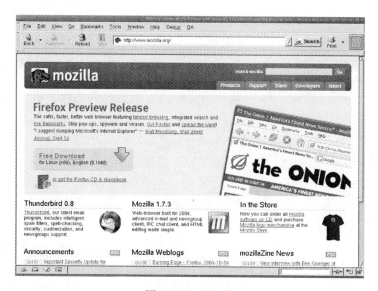

图 12.16　Mozilla

如果需要全功能的软件包而不想为各种服务安装独立的软件，则选择 Mozilla。

Mozilla 和 Microsoft CHAP

Internet 信息服务（IIS）提供的网站服务器，使用了一个特殊形式的挑战握手认证协议（Challenge Handshake Authentication Protocol，CHAP），称为 MS-CHAP。Microsoft 公司使用这种方法来设计 IIS，其目的是为了让 IIS 管理员启动 MS-CHAP 后，只有使用 IE 的用户才能通过安全认证。

更进一步，Mozilla. org 能够执行了自版本 1.6 以来的 MS-CHAP。这是一项重要的改进，它消除了保留 IE 的另一个理由，而 IE 曾经出现过最严重的安全问题。

Firefox

如同 Mozilla 一样，Firefox 是一款基于 Gecko 引擎的独立的浏览器，如图 12.17 所示。

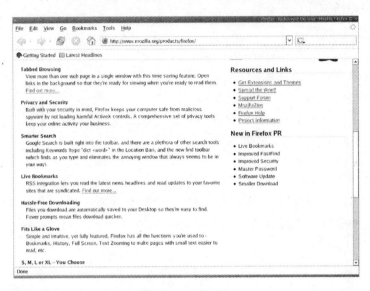

图 12.17　Firefox

然而，Firefox 并不简单是 Mozilla 的另一种形式。Firefox 有下列特性：

- **改进的用户定制功能**　从字体的选择到决定看到哪些按钮，Firefox 都被设计为支持更多的用户定制。
- **更快的页面渲染**　Firefox 有一个最新的基于 Gecko 引擎的版本。
- **资源占用少**　Firefox 的开发者已经设法将应用软件的大小控制在 4MB 左右。

如果不介意使用独立的应用软件（例如，独立的 Web 浏览器和 E-mail 客户端），那么选择 Firefox。最后，Firefox 也受益于 MS-CHAP 的兼容性。可以在 www. mozil-la. org 了解更多关于 Firefox 的信息。

Galeon

Galeon 是为 Gnome 桌面特意设计的，但使用了 Mozilla 的 Gecko 渲染引擎。因此，如果希望得到 Gecko 的稳定性和速度，又希望使用 Gnome 的桌面环境，这是一个很好的选择。Mozilla 与 Firefox 浏览器一样好，但并不是特意为在 Gnome 中运行而设计的。因此，Galeon 可能在优化的 Gnome 环境中比其他浏览器更快地载入并渲染页面。如果要了解关于 Galeon 的更多信息查看 http://galeon. sourceforge. net。

Konqueror

Konqueror 是 KDE 默认的浏览器，如图 12.18 所示。它使用 KHTML 作为其内核。有趣的是，Mac 操作系统的新浏览器 Safari 也使用同样的内核。如果是从 Macintosh 迁移过来的，那么 Konqueror 或许是最好的选择。

图 12.18　Konqueror Web 浏览器

本章所涉及的所有浏览器中，Konqueror 是惟一一个专为 Linux/UNIX 系统设计的。它并不是一个跨平台的浏览器。

Opera

Opera 是本章讨论中惟一一款需付费使用的浏览器。对于许多公司而言，为软件付费的确能带来一定的安全性。为软件付费，会有更多的体验和更强的技术支持。Opera 的开发者声称，Opera 有如下优点：

■ 所有浏览器中，浏览速度最快。
■ 多窗口浏览。
■ 可以使内容放大。
■ 兼容在线聊天系统。

在许多方面，Opera 提供类似 Mozilla 的特性。

迁移书签

将书签（即 IE 中的收藏夹）迁移到 Linux 中是非常简单的，因为基本上所有在 Linux 下运行的浏览器都可以自动导入 IE 中的书签。输出书签的数据非常容易找到。但是，对于最新的 IE 版本，数据存储在一个目录中。在操作系统中，IE 的书签可以从 C:\Documents and Settings\james\Favorites 中找到。

一旦安装了 Mozilla、Firefox 或 Opera，书签将会存储为一个单独文件，这种数据非常容易获得。根据浏览器版本的不同，这种文件被称为 bookmark. htm，bookmarks. htm，bookmark. html 或 bookmarks. html。当移植操作系统时，所做的就是复制这个文件到新的 Linux 系统。现在来探讨管理书签功能。以 Firefox 为例，需要到"书签｜管理｜书签栏"。打开"管理书签"窗口，转到"文件｜导入书签"，单击"从文件导入"按钮，可以选择"IE 书签导入"。

浏览器插件

Windows 用户可能知道数十种的浏览器插件。在 Linux 下会发现更多受限的插件，有许多必备的插件是被支持的，包括

- Macromedia Flash，Shockwave/Director
- RealNetworks Realplayer
- Adobe Acrobat Reader

下面具体讨论以上插件。

Macromedia Flash 和 Shockware/Director

Macromedia Flash 被 Linux 使用已有很多年了。它非常容易安装。但是，Flash 在 Linux 下并不如在 Windows 下那样可以自动升级。确定了这点，就要周期性地进行手动升级。

安装 Flash 就如从 Macromedia 站点 www. flash. com 下载一样简单。一旦下载了这个文件（例如，install_ flash_ player_ 7_ linux. tar. gz），可以很简单进行解压，文件变为 install_ flash_ player_ 7_ linux/directory。这时，运行 flash 安装程序（例如，flashplayer-installer），遵循屏幕上的指示操作。

Macromedia Shockwave/Director 只有通过 CrossOver Office 插件包才能被安装到 Linux 上，CrossOver Office 插件包将在本章后面讨论。但是，它们经常变化，如同 Macromedia 公司当初对 Linux 感兴趣，现在它的市场份额增加了。没有商业需求来支持，除了图形艺术家和家庭工作者，很少有人需要这项功能。简而言之，如果需要使用 Shockwave/Director，则安装 CrossOver Office 插件包。

RealPlayer

RealPlayer 是一个必须的插件，如图 12. 19 所示，因为能播放流媒体。使用它来欣赏音频流媒体和视频流媒体。

可以通过本章提到的所有浏览器来运行 RealPlayer。例如，在 Konqueror 中将会被问到，使用哪项应用。进入 RealPlayer（例如，realplay），能够听到或看到所选内容。可以从 www. realplayer. com 免费下载 RealPlayer 的基础版本。会见顾问，商讨最终需要哪个版本。

或许认为 RealPlayer 如一个"应用助手"来正确地运行流媒体。打开任何浏览器的参数选择并访问适当的窗口，允许定义访问的文件关联。例如，在 Konqueror 中，先转到"设置｜配置 Konqueror"，并且选择"文件关联"。在 Mozilla 中，转到"编辑｜参数"选择，选择 Helper Applications，定义合适的 MIME 类型。常见的 MIME 流

图 12.19　RealPlayer

媒体类型如下：

- Application/x-pn-realaudio（针对 rm 和 ram 文件）
- Audio/x-realaudio（针对 ra 文件）
- Audio/x-wav（针对 wav 文件）

Adobe Acrobat Reader

另外一个必装的插件是 Adobe Acrobat Reader，如图 12.20 所示。

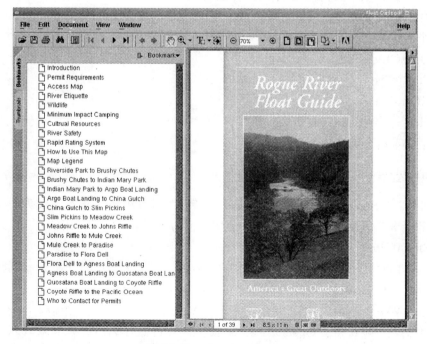

图 12.20　Acrobat Reader

需要为某些浏览器定义 PDF 文件的 MIME 类型。可以定义如下 MIME 类型：

- 应用程序/pdf
- 应用程序/x-pdf
- 应用程序/acrobat
- 文本/pdf
- 文本/x-psdf

应用程序/pdf 已经足够，Acrobat Reader 可以通过 www.adobe.com 下载并免费试用。

办公应用套件

已经介绍了有关移植工作站到基于 Linux 的电子邮件或个人信息管理客户端及网页浏览器。很可能发现一种方法，用来管理电子邮件和使用基于浏览器的应用。但是，每天并不仅仅是使用电子邮件或网页浏览器，还要创建文档和做报告。

你会问："Word 在哪里？"同样要知道 Excel 和 PowerPoint 的应用工具在哪？也就是说，想知道是否可以使用文件进行工作。

你想开始工作，不想操作系统挡道。管理人员会关心是否降低效率。从顾问那里得到这样的担保，即使从 Microsoft Office 移植过来，也应该保持工作效率。需要下列所示内容：

- 仍然可以使用.doc、.rtf、.xls 和.ppt 格式的文件进行工作。
- 在接受新应用程序阶段，它的使用更舒适。
- 对于仍在使用 Microsoft 软件的人，可以与他们交换文件。

这个通用办公软件套件应包含

- OpenOffice.org
- StarOffice
- KOffice
- Hancom Office

以下小节将会讨论每个组件。

OpenOffice.org

在 1999 年 Sun 公司提出 OpenOffice.org 后，OpenOffice.org 迅速成为 Linux 下办公软件的标准。开放性办公软件有几个应用。下面列出的是最常使用的：

- **Star Writer（swriter）**　文字处理程序，与 Microsoft Word 类似。
- **Star Impress（simpress）**　幻灯片演示软件，与 Microsoft PowerPoint 类似。
- **Star Calc（scalc）**　电子制表软件，与 Microsoft Excel 类似。
- **Star Web（sweb）**　网页制作软件，与 Microsoft FrontPage 类似。

基本上，一旦安装了 OpenOffice，就很少需要再做什么。正如大多数人所做，如果想在公司外共享文档，可方便地通过 OpenOffice 将文档保存为.doc、.xls 或.ppt 格式，这样文档将更加容易打开。文档转换通过单击"工具｜选项｜读取和保存｜普通格式"，在"标准文件格式"选项内确信选择"总是存为 Microsoft Word97/2000/XP 文档类型"。电子制表和报告的操作与此类似。确保没有选择模板，因为它的制作是不同的。可以通过 www. openoffice. org 学习更多的 OpenOffice 知识。

OpenOffice. org 能够打开 Microsoft Office 2000 创建的任何文档。例如，如图 12.21 所示文档，由 Microsoft Office 2000 创建。

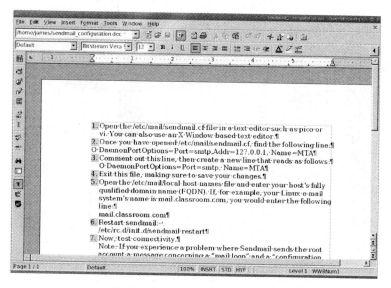

图 12.21　Star Writer 应用程序

图 12.21 显示的文档仍可通过 Office 2003 进行修改。图 12.22 展示了 Star Impress 应用程序。发现它的界面与 PowerPoint 非常相似。

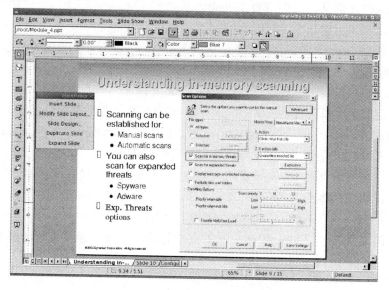

图 12.22　Star Impress 应用程序

如图 12.22 所示文档是由 PowerPoint 创建的，并且通过 Star Impress 打开。事实上，本章中大多数幻灯片都是由 Star Impress 创建的。这些文档曾被送给几个只用过 Microsoft PowerPoint 的人。他们完全没有意识到这些文档是在 Linux 系统下创建的。

图 12.23 展示了 Star Calc 应用程序打开一个简单电子表格。

如图 12.23 所示的电子表格相当简单。但大多数人使用电子表格时，除了创建行或列，进行求和计算外很少有其他的操作。可以注意到这个特别的表格支持制表样式单。

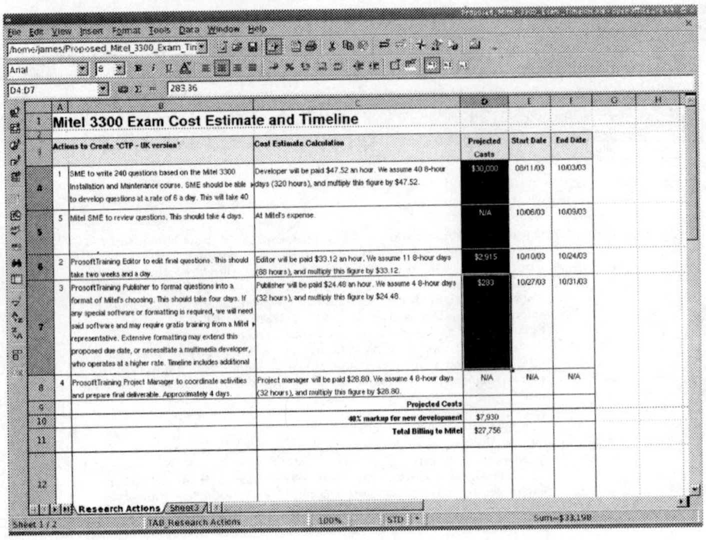

图 12.23　Star Calc 应用程序

局限性：宏文件和 PDF 文件

除个别例外的情况，PDF 文件是非常容易被 OpenOffice 阅读、创建和修改的。这种例外情况就是使用宏命令。尽管它们不能很好地在 OpenOffice 中运行，但这有一种方法能够让你在 OpenOffice 中重写宏命令，OpenOffice 拥有非常强的宏命令编写器。

OpenOffice.org 有创建 PDF 文件的能力，这种特性给人非常深的印象，但并不完美。可以预测，以后的版本将提供高质量的 PDF 文件。

我们发现，很多模板在 OpenOffice 中并不能很好地工作。这意味着更复杂的工作，例如，桌面出版，可能对于 openoffice.org 来说过于雄心勃勃。不过，openoffice.org 可以处理绝大多数文字处理、幻灯片制作和创建表格的需求。

不过，一般的用户使用 OpenOffice 不会遇到任何困难。只有从事高级文字处理和电子制表创作的用户将会遇到问题。openoffice.org 不支持 Microsoft Office 2003 推出的特性，以及 office 2000 的 office XP。例如，Microsoft office 2003 允许创建规则来限制编辑文件的某些部分。openoffice.org 不支持此功能。这很容易理解，但是很多人并没有升级 office 2000 到 office 2003，并且表示也没有充分利用这些功能。

openoffice.org 的另一个弱点是宏命令的支持。不能将所有的宏命令简单地输入到 StarOffcie。从好的方面讲，重新创建宏命令并非那么有趣。从坏的方面讲，这将是一个巨大的时间负担。如果需要很多的宏命令支持，建议阅读 CrossOver Office。

所以，不要让顾问留下的印象是，像 openoffice.org 型的办公软件可以轻松代替

Microsoft Office。在某些情况下，你将彻底失望。务必确定需要的是什么，并且确定所约见的顾问，他推荐的方案曾经被他自己测试通过。

未来计划

OpenOffice.org 有可能可以实时地制作 Shockwave Flash（SWF）文件。到目前为止，还未有任何 Office 软件有如此功能。OpenOffice.org 已经使用 XML 作为文件的基础。因此，该套件有能力处理复杂的任务。与同类型产品，如 Microsoft Office 类似，这对于 OpenOffice.org 来说非常简单。

StarOffice

StarOffice 是 OpenOffice.org 中受到客户支持的一个稳定版本。一个通俗的比喻是，StarOffice 对于 OpenOffice.org 来讲，如同网景公司的 Navigator 对于 Mozalla 的作用。正如网景公司需要一个稳定的 Mozalla 版本将它出售，Sun 公司带来稳定的 OpenOffice.org 版本也将它出售，这就是 StarOffice。

很多公司变得热衷于 StarOffice，因为能够获得客户支持，以防出现问题或错误。象征性的付费后，可以获得客户支持、基于互联网文件的存储、附加文档模板和增加宏命令支持。可以在 www.staroffice.com 了解更多有关 StarOffice 的知识。

KOffice

KOffice 是 KDE 团队的一个项目，在功能上可以完全代替 Microsoft Office。图 12.24 展示了 KWriter 应用，这是默认的 KDE 文档编辑器。尽管它的功能要比 Wordpad 或记事本的功能强大，但还是达不到 Star Writer 的程度。

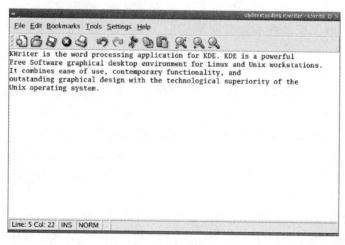

图 12.24　KWriter

Hancom Office

Hancom Office 由一家韩国公司进行销售，有以下目标：

- 创建与 Microsoft Office 兼容，对用户友好的软件套件。
- 支持大量的语言。统一的字符编码标准的支持，意味着如果处理的文档需要支持中文（简体和繁体）、韩语和阿拉伯语，Hancom 办公软件也是一个理想的选择。

可以通过 www.hancom.com 学习更多有关 Hancom 办公软件的知识。其中一个方法就是软件自动升级的特性，这使得 Hancom 办公软件设法确保与 Microsoft Office 文档的兼容性。此功能允许快速获得最新的过滤器和引擎。

Hancom 办公软件的局限性之一是，不支持 Visual Basic 编写的宏命令。Hancom 办公软件并没有改善 openoffice.org 或 StarOffice 在这方面的工作。

在 Linux 平台上运行 Windows 应用程序

公司中的每个用户不可能随时随刻使用 Linux 系统，这不是承认失败。下面有两个选择：

- **使用模拟器**。可以在 Linux 系统上安装软件用来模拟 Windows 系统。一旦模拟器成功安装，所做的相当于在 Linux 下安装了一个 Windows 应用程序。模拟器允许 Windows 系统在 Linux 模拟器下运行。
- **使用远程桌面管理软件**。简单地安装一台服务器，可以通过网页浏览器或专门的应用来直接访问桌面。

下面讨论每个选择。

兼容层软件

在许多方面，这里讨论的软件不是仿真软件。严格意义上说，仿真软件再次创建了软件应用程序接口（APIs）和 CPU 实际的功能（例如，奔腾芯片）。Wine，CrossOver Office 和 Win4Lin 工作站并不重新创建 CPU 的结构。因此，它们在技术上并不是模拟器。

尽管如此，把这些软件归于模拟器软件中仍是常见的做法，因为使用类似 Wine 之类的软件，能使 Linux 系统如在 Windows 系统下一样运转。事实上，如果正确地配置这些应用，某些本地的 Windows 应用将运行，如同运行在 Windows 环境下。这些应用使用一些 APIs，能够使得本地 Windows 应用认为事实上运行在 Windows 平台上。

所以，为了避免争议，无论实质上是什么，都不称呼这些应用为模拟器。Wine 的开发者提议，称呼这些应用为兼容层软件，因为它们在 Linux 系统和 Windows 应用之间重新创建了一层。

这类模拟器，即这类软件的便利之处是能从 Linux 桌面直接使用本地 Windows 应用。不需要依靠网络连接到另外的系统。但是，模拟器可能有些比较棘手的配置，应用程序配置的稍微改变就能打破配置，并且迫使耗费时间和可能拥有昂贵的业务通话。

如果准备使用模拟器，先询问下列问题：

- 这些应用需要哪个版本的 Windows 操作系统？
- 是否需要从 Linux 中获取原始数据？
- 在同一时间，有多少人需要访问这些应用，并从中产生数据？简而言之，这个系统所期望的负荷是多少？

这些问题将帮助决定合适的硬盘大小和应用软件。现在介绍一些常见的模拟器。

Wine

Wine 是"Wine is not an emulator"（Wine 不仅仅是一个模拟器）的首字母缩写。Wine 打算替代 Windows，而不需要 Windows 运行。因此，不需要 Windows 许可证来运行 Windows 应用。但是，需要软件的许可证。例如，可以在 Wine 上运行 Microsoft Word。不需要 Windows 操作系统的许可证，但是必须拥有 Microsoft Word 的许可证。

理解 Wine 多年享有"工作在进程中"的美誉是非常重要的。许多 Windows 应用可以在 Wine 中运行。可以通过 www. winehq. org/site/supported_ applications 查询哪些 Windows 应用在 Wine 下是可用的。

一个称为"Frank's Corner"（http://frankscorner. org）的站点提供了一些技巧用来帮助获取各种应用程序的运行。Frank 所使用的应用程序如下：

- Microsoft Office 2000
- Macromedia Flash MX
- PhotoShop 7. 0

人们在 Wine 上取得了重大的成功。但是，Wine 并不是一个"生产质量"的工具，更多的是"hack in motion"的扩展。事实是现在能够在最新最好的 Wine 版本上运行应用程序，但不能保证，如果 Wine 升级到下一个版本，那些应用程序是否仍正常运行。但是，这有一个更可靠的应用程序：Code Weavers' CrossOver Office.

Code Weavers' CrossOver Office

CrossOver Office 是 Wine 的一个更完美可靠的商业版本。CrossOver Office 可以使任何 Windows 应用程序平稳地运行（就像任何软件可以在兼容性软件中那样平稳地运行）。对于 Wine 来讲，如果使用 CrossOver Office，就不必再购买 Windows 许可证了。你将发现使用 CrossOver Office，升级再也不会造成配置失败。另外，CrossOver Office 可以运行所有 Visual Basic 宏命令，如同许多 Microsoft Office 用户热衷的那样。

CrossOver Office 使在 Linux 下安装和运行 Windows 应用程序相对容易。但是，这种解决方案还是有些缺点。第一，CrossOver Office 需要大量的内存资源。第二，Windows 应用程序的所有功能并非都可以使用。因此，尽管可以运行 Macromedia Flash MX，但缺少了一些功能。

不管这些缺点，发现先前讨论过的程序和类似 CrossOver Office 的应用程序之间，可以迁移任何用户到 Linux 平台上。可以到 www. codeweavers. com/site/products 学习更多 CrossOver Office 的知识。

小结

选择合适的桌面环境需要几项技能：第一，需要知道选择内容；第二，需要确定想要什么和需要什么。然后，需要知道如何配置当前的技术来满足需求。本章学习了现有的技术，以及怎样衡量对自己的需要。

从普通的桌面，如 Gnome 和 KDE 到电子邮件和网页应用，学习了怎样选择可节省时间和金钱的方案，也介绍了如何迁移设置和如何在 Linux 上安装本地应用。不能因为某些原因被 Linux 副本所替代。

本章找出问题，提出可能性和解决方案。现在你更熟悉 Linux 桌面解决方案，通过安装一些在本章提到的软件来继续学习过程。下一步，提高知识和解决问题能力的方法就是掌握安装这些软件的过程。

其他资源

以下链接提供更多相关信息，与选择 Microsoft 产品相关：

■ Eastham, Chunk, and Bryan Hoff. *Moving from Windows to Linux*, *Second Edition*. Boston：Charles River Media，2006（www. charlesriver. com/books/BookDetail. aspx?productID=122989）

■ *Fedora Core Linux*（http：//fedora. redhat. com/）

■ *Firefox Web Browser*（www. mozilla. com/firefox）

■ *Star Office Productivity Suit*
（www. sun. com/software/star/staroffice/index. jsp）

第四部分

安 全 资 源

附录 A
网络通信基础

本附录主要内容：

- 计算机协议
- 通信端口
- TCP 和 UDP 协议
- 理解 IP 地址和 DNS
- 管理 IP 地址
- 防火墙

引言

为了让家用电脑和网络更安全，应该了解一些基础知识，即它们是如何工作的，这样你就会明白要让什么设备更安全和为什么要让该设备安全。附录 A 提供以下内容的一个综述知识：经常使用的术语和技术、技巧、工具，这些都能够帮助使电脑更安全。

附录 A 会让你明白这些术语是什么，这样可了解到最近病毒在网络上的蔓延情况，以及是怎么侵入系统的。你会有能力识别这些"攻击技术"，并判断电脑是否受到了影响，以及应该采取什么措施去预防。

附录 A 比本书的剩余部分更有技术性，适用于想学习多一点和进一步理解计算机网络是怎么工作的，以及什么技术让它工作的人。

计算机协议

韦氏词典将协议定义为"一套管理处理过程的协定，尤其是在电子通信系统里与数据格式化相关的过程。"我不知道这样说能不能让读者明白。

简而言之，如果你把桔子叫做苹果，而我叫做梅子，我们是没有办法交流的。在某个时刻，我们应该在称呼它的方面达成一致。对于计算机和网络来说，有许多组织即将拿出自己的专有方式格式化和传送数据。为了保证每个计算机都能互相通信，而不是只能与同类的交流，协议就这样被提出和认同了。

TCP/IP 是传输控制协议和网络协议的简称，不是一个单一的协议。它是一套通信协议标准。TCP 和 IP 是这一族协议里的两个主要协议。TCP/IP 协议被作为网络通信标准和所有主要操作系统默认的协议。

用 TCP/IP 通信，每个主机必须有一个 IP 地址。如前面描述的，IP 地址就像是街道门牌号。它确定主机在网络上的具体位置，这样与你的通信才能到达目的地。

通信端口

看电视的时候，为了看天气预报，需要把电视调到一个特定的频道。如果想要看迪斯尼节目，又要把它改到另一个频道。如果想要看 CNN，也需要做同样操作。

相似的，在网上冲浪时，有一个特定的端口用于接收 HTTP 传输（超文本传输协议，用于浏览 HTML 或 Web 网页）。用 FTP（文件传输协议）下载文件时，又需要另外一个端口来接收。SMTP（简单邮件传输协议）通信，又是在另一个不同的端口。

共有 65 536 个端口，它们都是在 TCP/UDP 协议下可用，并且被分成 3 段。IANA（Internet Assigned Number Authority）管理从 1～1023 的端口。这个端口段都是一些著名的端口，包括 HTTP（端口 80），FTP（端口 21）和 SMTP（端口 25）。这些都是保留端口，不应该随便使用。

第二段是注册端口，从 1024～49 151。这些端口能被普通程序和用户自己创建的进程使用。使用特定的端口号不是一成不变的，这些端口一般用于临时需要。

第三段是动态分配的或私有的端口，从 49 152～65 535。这些能被用户应用程序和进程利用，不是经常的。有些著名的木马和后门程序就用这些端口，所以安全管理员非常关心这个段的端口传输。

TCP 和 UDP 协议

有很多协议使用这些端口，其中一个协议是 TCP 协议。TCP 协议使得因特网上的两台主机建立起一条连接。一个主机通过发送一条请求给另一个主机来启动连接。另一个主机会回应，同意建立连接。最后，主动发起连接的主机会返回连接建立的消息，它们之间的连接就建立了。

当数据传送给 TCP 时，TCP 把它分解成更小的部分，更便于管理的部分，这就是所谓的"包"。每个包都有报头，用来存储以下内容：发送方 IP 地址、目的 IP 地址、序号和其他主要的认证信息。

当这些包开始在网上传送给目的地址的时候，也许不走相同的路线。有几千个路由器、复杂的路由算法。这些算法以纳秒为单位进行判断，决定下一个包的最适合路径。这就意味着，包到达目的地时并不以发送时的顺序。接收端的 TCP 协议的责任，就是把这些包按照它们的序号，整理回原来的顺序。

如果有丢包、错包的事件发生，这些会让发送方主机知道，发送方会重新发送包。TCP 也有流量控制的能力，通过发送消息，让双方主机知道是加快包发送还是降低包的发送速度及接收方主机的处理包的能力。

UDP 是另外一个跟网络 IP 地址有关的协议。与 TCP 不同，UDP 不建立连接。UDP 也不提供错误保护和流量控制，主要用于广播传送消息。发送方不知道消息是否被成功接收。

与 TCP 具有消息回复机制不同，UDP 不在两个主机建立连接上花费时间，也不使用流量控制监测网络拥塞，也不做错误检测。因而，它大大减少了时间和资源上的开销。基于它的服务有 DNS，SNMP 和多媒体流（如通过因特网看一个视频剪辑）。

理解 IP 地址和 DNS

术语"host"是让人迷惑的，因为它在计算机领域有多个意思。它可以被用来描述那些提供网页服务的计算机或服务器。在这里，计算机是网上站点的载体。"host"也可以用来描述公司，这些公司允许人们去分享硬件服务和网络连接服务，这样做比每个公司单独买自己的设备要划算得多。

在计算机网络的术语中，一个主机是指任意一台同因特网相连接、能通信的计算机。网络上任意一台计算机都是平等的。它们既可以做服务器，也可以做客户端。可以像在其他计算机浏览网络站点一样，在自己的电脑上运行网络站点。因特网只是主机互相通信的网络集合体。在这种观点下，所有的计算机、主机都是平等的。

每一个主机有一个自己的惟一标示，如街道门牌号。它不只是分配一个字符给乔·史密斯那么简单。你也要提供街道地址。例如，你提供的是 1234 主街道。然而，在这个世界上，或许有不只一个 1234 主街道。所以必须同时提供城市：某个城市。也许有一个乔·史密斯住在 1234 主街道，在相同的城市名称，但是在不同的州。所以也要把州的名字加到他的地址上。这样，邮政系统才能把信件正确送达。首先，投递员把信件送到正确的州，然后送到正确的城市，然后给负责那个街道的邮递员，最后送到乔·史密斯手里。

在因特网上，这称为 IP（Internet Protocol，互联网协议）地址。IP 由 4 段 0～255 的数字组成。不同段的 IP 地址被不同的公司或者因特网服务提供商所有。通过破译 IP 地址，数据可以传送到正确的主机。首先，数据被传送给那段地址的提供商，然后被送到目的地的 IP 地址。

我也许会给我的电脑起名字叫"我的电脑"，但我没有办法知道有多少人给自己的电脑起名字叫"我的电脑"。所以，不加入其他的地址信息，给"我的电脑"发送数据是不可行的。这就像仅在信封上写"寄给乔·史密斯"一样，这样做，乔·史密斯是无法收到这封信的。

因为有数百万个主机在因特网上，要求用户记住每一个浏览的网络站点或主机是不可能的。所以人们创建了一个系统，以便于让用户能够用自己熟悉的名字来访问站点。

因特网通过 DNS（Donmain Name Service，域名服务）把主机名字翻译成正确的 IP 地址，从而正确地传送信息。例如，你只是把"yahoo. com"输入网络浏览器。这个信息被送给了 DNS 服务器，DNS 服务器搜索它的数据库，并把这个地址翻译成类似 64. 58. 79. 230 的样子。这样计算机就能看懂，与它的目的主机建立通信。

DNS 服务器分散在因特网上，不是只有一个中心数据库。这是为了不会因为一个 DNS 服务器损坏了，整个因特网就瘫痪了。通过将服务器分散在世界各地，也能提高处理速度和减少转换成 IP 地址花费的时间。

这样，在你周围的 DNS 服务器就能帮你翻译出想要的地址，每台这样的服务器只和一千个左右的用户分享。这样做，比数百万人分享一个中心服务器要强很多。

网络服务提供商都有自己的 DNS 服务器。根据规模大小，服务商会拥有一个以上的 DNS 服务器。这些服务器分布在全球各地，原因和上文提到的一样。一个网络服务提供商拥有自己的设备、（或者租赁）一些通信线路，用于建立必需的网络应用。此后，他们可以利用接入设备和电话线路向用户提供服务，并且收取用户的费用。

最大的 ISP 拥有主要的因特网连接线路，又叫做"骨干网"。可以这样来描述"骨干网"，它是通过骨干的脊髓，是神经系统的中央管道通信。神经系统会形成很多小的分支，最终变成神经末梢。如同因特网通信分支，从骨干网变成小的 ISP 网络，最后变成在因特网上的主机一样。

如果组成骨干网的一家公司提供的通信线路出现了问题，就会影响一大片的因特网，因为一大批小的 ISP 处在这个骨干网之中，都会受到相应的影响。

管理 IP 地址

原本 IP 地址被手工分配给每台电脑。随着因特网的扩展，增加了数百万台主机。从而，确定下面的事情成为首要的任务：哪些 IP 地址已经被使用；当电脑从因特网上移除的时候，哪些 IP 地址已经被释放。

DHCP（Dynamic Host Configuration Protocol，动态主机配置协议）用来使上述工作自动化。一个 DHCP 服务器提供一段自己控制的地址。当用 DHCP 协议配置主机需要一个 IP 地址的时候，它就会联系 DHCP 服务器。这台 DHCP 服务器会搜寻它的地址数据库，并且分配给这个主机一个空闲的地址。当主机被关闭或从因特网上移除的时候，那个 IP 地址被释放，DHCP 服务器就可以重新利用这个地址。

指数级增长的因特网引起了可用 IP 地址的短缺。这就像手机、便携型寻呼机引起手机号码短缺一样。与电话系统不同，因特网不能简单地给电话号码增加一个前缀来创造一个新号码。

为了适应 IP 地址指数级增长的需要，目前，IPv 6 被设计出来了。但是，IPv 4 协议仍然是应用的主流协议，并且运行良好。

NAT（Network Address Translation，网络地址转换）可以用来扩展潜在的地址数量。NAT 实际上只用一个 IP 地址在因特网上通信，该地址可以代表一个局域网上的完全不同的 IP 地址段。这个局域网上的地址应该是惟一的，但因为外部看不到局域网内的地址，这些内部地址对外界来说不必是惟一的。

如果没有 NAT，一个拥有 100 台与因特网连接的电脑的公司需要 100 个不同的 IP 地址。如果采用 NAT，同样的公司只需要一个公共 IP 地址，并且将这个局域网的电脑分配成内部 IP 地址。

这种隐藏内部 IP 地址工作方式，不仅允许更多的主机分享因特网，而且提供了一个安全层。不让外界知道具体的内部 IP 地址，可以隐藏一些有关网络的主要信息，防止黑客侵入。

防火墙

到此为止，我们已经学习了 TCP，UDP 和端口的知识，下面讨论防火墙。防火墙的基本功能是封闭或控制，防火墙可以判断什么样的传输允许进入或传出电脑或网络。一种方法是简单禁止从所有的端口传入的任何 TCP 和 UDP 信息。对于许多家庭用户来说，这种方式还可以接受。一旦电脑的连接被初始化后，防火墙仍然会允许一个 TCP 或 UDP 端口的应答通过。使用禁止这种方式，应该确保没有另外的电脑与你的电脑初始化一个会话。

如果要做一个网站，或者让别人能用 FTP 从你这里下载文件，或者与别的用户联机玩在线游戏，就需要开放相应的端口。例如，如果想提供网站服务，需要配置防火墙，让通过端口 80 的 UDP 和 TCP 信息能传输进来，阻塞所有其他端口传输的信息。这种端口保护防火墙可以进行配置，使许多基本的家用电缆或 DSL 路由器成为仅允许与指定的一台机器进行连接，而你的其他电脑仍然受到保护。此时，外面的主机仍然可与你的网站服务器连接，或与你进行联机游戏，或者其他你要的。

这种基础类型的防火墙存在一些问题，这些问题能够被黑客或者恶意程序员利用，所以就有了高级防火墙系统。我提到过，即使有这种端口禁止的功能，电脑的初始化连接应答通信会允许一些通信通过已经禁止的端口。通过使用这些知识，黑客可以伪造数据包，使它看起来如一个回复，而不是一个连接请求。这样，防火墙会允许通过。

　　甚至是你的电脑发起的初始化的连接请求，一个恶意的程序员仍然能够利用系统的弱点来伪造数据包通过。有一些其他的防火墙来应对这些缺点，如状态检测包过滤器、电路级网关和应用级网关。

　　另外，防火墙通常不能够监视或禁止本地的传输。或许已经通过多种方式染上了病毒或木马，如自己初始化的连接、绕过防火墙的通信或通过电子邮件。这些恶意程序能够在你的电脑与他们设置好的主机之间打开端口或建立一个连接。大部分基于软件的防火墙，如 Zone Alarm 或 Sygate，与许多高级硬件防火墙一样，监视向外的连接。

附录 B
案例学习：小型办公（5 台电脑、打印机、服务器等）

本附录主要内容：

- 介绍小型办公防火墙案例
- 设计小型办公防火墙
- 实现小型办公防火墙

- √ 小结
- √ 快速解决方案
- √ 常见问题

引言

因特网与中小型企业的持续发展，让家庭用户有更多的机会获取商品信息。利用个人网站和电子邮件，同时提供不间断的因特网连接，让远程用户有了作为客户的感受。提供服务的系统价格合理，能够全天候的服务。那些不受欢迎的客人和商户也能够使用这个网络。连接在网络上的、开放的 TCP 或 UDP 端口，有一些可以被利用的漏洞，包括滥用协议或应用。维护家庭安全比维护环境安全的难度要大。当用户远程处理生意或工作时，通常没有时间成为这方面的专家。

使用 *netstat* 来决定系统的开放端口

netstat 命令不仅能决定系统的开放端口，还能做其他有用的工作，包括显示内存、网络缓冲区的使用、系统路由表信息和接口统计。为了了解这些选项，可以阅读关于 *netstat* 的文档。下面将侧重介绍用 *netstat* 决定开放端口，以及是否要开放。

当一个远程系统或用户要访问一个在你的电脑上的服务（如网页服务）时，远程系统背后的操作系统（会代表远程用户）与你的电脑系统端口之间建立一个连接。

你的计算机中的一个监听端口的进程，会接受对这个端口建立的连接。保护你的计算机不受网络攻击的方法是审查这些服务。一旦知道什么在运行，就要关闭开放的不需要的端口服务，这样就能够确保需要的服务安全。当然，有一些必须要运行的基础服务。当系统启动时变得缓慢或响应时的状态不正常，可以快速检查，确保没有恶意的进程运行在不能识别的端口上。

参数-a，让 *netstat* 显示所有的套接字状态。套接字可以理解为是一个监听端口。参数-n，让 *netstat* 显示不试图通过 DNS 解析的名字。通常情况下，如果不过多依赖 DNS，这是好事，netstat 会很快地返回信息。如果需要查找一个 ip 到名字的映射，随时可以这样做——后面跟随 *host*，*nslookup* 或 *dig* 等命令。

下面是一个用参数-a 和-n 的 *netstat* 命令的输出的例子。

netstat 例子——在 UNIX 服务器上的输出

Active Internet connections（including servers）

Proto	Recv-Q	Send-Q	Local Address	Foreign Address	state
tcp	0	0	6.7.8.9.60072	221.132.43.179.113	SYN_SENT
tcp	0	0	6.7.8.9.25	221.132.43.179.48301	ESTABLISHED
tcp	0	120	6.7.8.9.22	24.7.34.163.1811	ESTABLISHED
tcp	0	0	6.7.8.9.60124	67.46.65.70.113	FIN_WAIT_2
tcp	0	0	127.0.0.1.4000	127.0.0.1.60977	ESTABLISHED
tcp	0	0	127.0.0.1.60977	127.0.0.1.4000	ESTABLISHED
tcp	0	0	*.4000	*.*	LISTEN
tcp	0	0	6.7.8.9.22	24.7.34.163.50206	ESTABLISHED

tcp	0	0	6.7.8.9.62220	216.120.255.44.22	ESTABLISHED
tcp	0	0	6.7.8.9.22	24.7.34.163.65408	ESTABLISHED
tcp	0	0	6.7.8.9.22	67.131.247.194.4026	ESTABLISHED
tcp	0	0	6.7.8.9.64015	217.206.161.163.22	ESTABLISHED
tcp	0	0	6.7.8.9.22	82.36.206.162.48247	ESTABLISHED
tcp	0	0	*.80	*.*	LISTEN
tcp	0	0	*.993	*.*	LISTEN
tcp	0	0	*.25	*.*	LISTEN
tcp	0	0	*.22	*.*	LISTEN
tcp	0	0	*.21	*.*	LISTEN
tcp	0	0	127.0.0.1.53	*.*	LISTEN
tcp	0	0	6.7.8.9.53	*.*	LISTEN
udp	0	0	127.0.0.1.123	*.*	
udp	0	0	6.7.8.9.123	*.*	
udp	0	0	*.123	*.*	
udp	0	0	*.65510	*.*	
udp	0	0	127.0.0.1.53	*.*	
udp	0	0	6.7.8.9.53	*.*	

Active Internet6 connections (including servers)

Proto	Recv-Q	Send-Q	Local Address	Foreign Address	(state)
tcp6	0	0	*.25	*.*	LISTEN
tcp6	0	0	*.22	*.*	LISTEN
udp6	0	0	fe80::1%lo0.123	*.*	
udp6	0	0	::1.123	*.*	
udp6	0	0	fe80::2e0:81ff:f.123	*.*	
udp6	0	0	*.123	*.*	
udp6	0	0	*.65509	*.*	

Active UNIX domain sockets

Address	Type	Recv-Q	Send-Q	Inode	Conn	Refs	Nextref	Addr
c204c440	dgram	0	0	0	c1fd80c0	0	c2026540	—>
/var/run/log								
c20fd040	stream	0	0	0	c1fcd3c0	0	0	
c1fcd3c0	stream	0	0	0	c20fd040	0	0	
c1fd3300	stream	0	0	0	c1fd8680	0	0	
c1fd8680	stream	0	0	0	c1fd3300	0	0	
c2129e40	stream	0	0	0	c20db500	0	0	
c20db500	stream	0	0	0	c2129e40	0	0	
c204cb40	stream	0	0	0	c20fdb00	0	0	
c20fdb00	stream	0	0	0	c204cb40	0	0	

c20fdc00	stream	0	0	0	c2129800	0	0	
c2129800	stream	0	0	0	c20fdc00	0	0	
c2026540	dgram	0	0	0	c1fd80c0	0	c1f9c740	–>
/var/run/log								
c1f9c740	dgram	0	0	0	c1fd80c0	0	0	–>
/var/run/log								
c1fd80c0	dgram	0	0		cc32615c	0	c204c440	
/var/run/log								
c1fd8300	dgram	0	0		cc3260b4	0	0	
/var/chroot/na								
med/var/run/log								

研究 TCP 和 UDP 端口在第一部分的输出，除非已经运行了 IPv 6，否则可以放心忽略 tcp 6 和 udp 6 的输出。另外，UNIX 域套接字是本地内部的机器，不与网络相关。

netstate 例子——在 UNIX 服务器上的 TCP 输出

tcp	0	0	6.7.8.9.60072	221.132.43.179.113	SYN_SENT
tcp	0	0	6.7.8.9.25	221.132.43.179.48301	ESTABLISHED
tcp	0	120	6.7.8.9.22	24.7.34.163.1811	ESTABLISHED
tcp	0	0	6.7.8.9.60124	67.46.65.70.113	FIN_WAIT_2
tcp	0	0	127.0.0.1.4000	127.0.0.1.60977	

ESTABLISHED

tcp	0	0	127.0.0.1.60977	127.0.0.1.4000	

ESTABLISHED

tcp	0	0	*.4000	*.*	LISTEN
tcp	0	0	6.7.8.9.22	24.7.34.163.50206	ESTABLISHED
tcp	0	0	6.7.8.9.62220	216.120.255.44.22	ESTABLISHED
tcp	0	0	6.7.8.9.22	24.7.34.163.65408	ESTABLISHED
tcp	0	0	6.7.8.9.22	67.131.247.194.4026	ESTABLISHED
tcp	0	0	6.7.8.9.64015	217.206.161.163.22	ESTABLISHED
tcp	0	0	6.7.8.9.22	82.36.206.162.48247	ESTABLISHED
tcp	0	0	*.80	*.*	LISTEN
tcp	0	0	*.993	*.*	LISTEN
tcp	0	0	*.25	*.*	LISTEN
tcp	0	0	*.22	*.*	LISTEN
tcp	0	0	*.21	*.*	LISTEN
tcp	0	0	127.0.0.1.53	*.*	LISTEN
tcp	0	0	6.7.8.9.53	*.*	LISTEN

注意，最后一列包括不同的字符，如"已建立"和"监听"，这表示套接字的状态。包含"监听"一排，其含义是等待连接的活跃的服务。符号"＊"描述了对任意 IP 地

址开放的端口，所以在本地地址域中的 *.80 说明这台机器对每个在本机上的 IP 接口上拥有端口监听。通常，一个系统只有一个 IP 地址，但是有时会有多个接口。

所以在 UNIX 系统上，一个简单地获得监听 TCP 端口的命令是 netstat－an | grep LISTEN，能够获取"LISTEN"列的信息。

```
slick：{8} netstat-an | grep LISTEN
tcp   0   0   *.4000          *.*          LISTEN
tcp   0   0   *.80            *.*          LISTEN
tcp   0   0   *.993           *.*          LISTEN
tcp   0   0   *.25            *.*          LISTEN
tcp   0   0   *.22            *.*          LISTEN
tcp   0   0   *.21            *.*          LISTEN
tcp   0   0   127.0.0.1.53    *.*          LISTEN
tcp   0   0   6.7.8.9.53      *.*          LISTEN
tcp6  0   0   *.25            *.*          LISTEN
tcp6  0   0   *.22            *.*          LISTEN
```

这里有了一个 TCP 清单，下面开始介绍段。UDP 没有任何的状态域，因为与 TCP 不同，UDP 是一个无状态协议模型。每个包是离散的，与以前的包到达端口的数据包不是连贯的。没有明确规定发放包的转播协议，应用程序如 NTP 和 DNA 依赖 UDP。

```
slick：{9} netstat-an | grep udp
udp   0   0   127.0.0.1.123    *.*
udp   0   0   10.1.2.3.123     *.*
udp   0   0   *.123            *.*
udp   0   0   *.65510          *.*
udp   0   0   127.0.0.1.53     *.*
udp   0   0   10.1.2.3.53      *.*
udp6  0   0   fe80::1%lo0.123  *.*
udp6  0   0   ::1.123          *.*
udp6  0   0   fe80::2e0:81ff:f.123  *.*
udp6  0   0   *.123            *.*
udp6  0   0   *.65509          *.*
```

忽视 udp 6（IPv 6）。第三块域与以前 TCP 的输出一样，就是监听地址和端口。这台机器的 IP 地址是 6.7.8.9，有一个本地接口，即 127.0.0.1，为本地 TCP 和 UDP 通信。127.0.0.1 是本地主机，对公网不可见。

无法识别和更多信息的事件需要被记录并审计。

需要被审计的例子

```
tcp   0   0   *.4000              *.*          LISTEN
tcp   0   0   *.80                *.*          LISTEN
tcp   0   0   *.993               *.*          LISTEN
tcp   0   0   *.25                *.*          LISTEN
tcp   0   0   *.22                *.*          LISTEN
tcp   0   0   *.21                *.*          LISTEN
tcp   0   0   127.0.0.1.53        *.*          LISTEN
tcp   0   0   6.7.8.9.53          *.*          LISTEN
udp   0   0   10.1.2.3.123        *.*
udp   0   0   *.123               *.*
udp   0   0   *.65510             *.*
udp   0   0   10.1.2.3.53         *.*
```

现在需要弄清楚，在本地系统中哪些进程对应哪些服务。研究/etc/services 文档可以判断，什么样的 UNIX 服务通常占据这些端口。这并不意味着服务没有占用著名的端口来掩饰其足迹，但它让我们更好地知道什么可以运行。

/etc/services 输出的例子

```
ftp          21/tcp    # File Transfer Protocol
ssh          22/tcp    # Secure Shell
ssh          22/udp
telnet       23/tcp
# 24- private
smtp         25/tcp    mail
# 26- unassigned
time         37/tcp    timserver
time         37/udp    timserver
```

从审计的端口可以决定哪些服务是可能被提供的服务，并且这些服务是否正常地向外界提供。记录这些信息为以后使用，有助于解决今后出现的问题（如表 B.1 所示）。

表 B.1　部分被审计的端口

连接类型	IP+端口	可提供的服务
tcp	*.4000	
tcp	*.80	Web 服务
tcp	*.993	IMAPS 服务
tcp	*.25	SMTP 服务
tcp	*.22	Secure 服务
tcp	*.21	FTP 服务
tcp	6.7.8.9.53	DNS 服务

不查询系统就没有办法知道应用于某个端口提供的服务到底是什么。我们使用另一个有用的工具 lsof 来检查每个公开的端口。

通过 lsof 确定更多的信息

通过查询核心数据结构能够知道哪些进程与哪些端口相关联。能够提供这种深度挖掘的工具就是 lsof。这个工具能够监听 UNIX 系统中的开放文件。在 UNIX 系统中，几乎所有的事情都是文件，lsof 可以列出所有的开放端口，并且提示哪些进程占用了哪些端口。

lsof 也有许多参数，通过几个简单的例子来演示这些参数的使用。检查一个占用端口 53 的 UDP 连接。从下面的输出看到它有 DNS 同样的功能。

```
slick：{38} lsof-n-i UDP：53
COMMAND   PID    USER   FD   TYPE   DEVICE       SIZE/OFF   NODE   NAME
named     1177   named  20u  IPv 4  0xc1f5f000   0t0        UDP    6. 7. 8. 9：domain
named     1177   named  22u  IPv 4  0xc1f5f0d8   0t0        UDP    127. 0. 0. 1：domain
```

检查 UDP 端口 65 510，它也被命名了。这是最有可能的 rndc 控制通道。

```
slick：{39} lsof-n-i UDP：65510
COMMAND   PID    USER   FD   TYPE   DEVICE       SIZE/OFF   NODE   NAME
named     1177   named  24u  IPv 4  0xc1f5f1b0   0t0        UDP    *：65510
```

用 lsof 检查 TCP 端口 4000，发现它是一个用户进程。该系统的用户是保罗。我们应该告诉他去检查什么服务在端口 4000 上运行。

```
slick：{40} lsof-n-i TCP：4000
COMMAND   PID     USER   FD   TYPE   DEVICE       SIZE/OFF   NODE   NAME
telnet    16192   paul   3u   IPv 4  0xc2065b44   0t0        TCP    127. 0. 0. 1：60977-
>127. 0. 0. 1：4000 (ESTABLISHED)
razors    22997   paul   4u   IPv 4  0xc1ff2ca8   0t0        TCP    *：4000 (LISTEN)
razors    22997   paul   16u  IPv 4  0xc206516c   0t0        TCP    127. 0. 0. 1：4000-
>127. 0. 0. 1：60977 (ESTABLISHED)
```

用 netstat-an 创建一个监听端口清单。用 lsof 检查每个端口，弄清什么进程正在监听，并且确认该服务匹配的进程与预期的一样。然后确定是否需要这些进程。若不需要，则将它们关闭；若需要，则在防火墙上建立 ACL 规则，允许该服务通过。

在 Windows XP 上运用 netstat

在 Windows XP 上有额外的参数-b，-v 和-o，这些参数会显示附加信息。-b 显示该可执行文件所涉及的创造连接。在下面的示例中，可以看到 Apache 运行在本地系统，并且使用开放的端口 80。当-v 与-b 一起使用时，将显示创造连接的相关信息。-o 将显示开放端口的进程（如表 B. 2 所示）。

C：\ Documents and Settings \ jdavis>netstat anvb

Active Connections

```
Proto   Local Address   Foreign Address   State        PID
TCP    0.0.0.0:80     0.0.0.0:0         LISTENING  1268
```
C:\ WINDOWS \ system32 \ imon. dll
C:\ Program Files \ Apache Software Foundation \ Apache2. 2 \ bin \ libapr-1. dll
C:\ Program Files \ Apache Software Foundation \ Apache2. 2 \ bin \ libhttpd. dll
C:\ Program Files \ Apache Software Foundation \ Apache2. 2 \ bin \ httpd. exe
C:\ WINDOWS \ system32 \ kernel32. dll
［httpd. exe］

```
TCP    0.0.0.0:135    0.0.0.0:0         LISTENING  252
```
C:\ WINDOWS \ system32 \ imon. dll
C:\ WINDOWS \ system32 \ RPCRT4. dll
C:\ WINDOWS \ system32 \ rpcss. dll
C:\ WINDOWS \ system32 \ svchost. exe
C:\ WINDOWS \ system32 \ ADVAPI32. dll
［svchost. exe］

关闭一个网络系统上的所有端口会让这个系统失去作用。无论何时用浏览器或阅读电子邮件，传输都会通过开放的端口。应该用防火墙保护端口。

注 释

需要注意的是，对于一个小型办公防火墙的设备，也应按照以下基础安全步骤"审计"系统，以更好地确保公司安全。

将最新的修补程序应用于每个系统。这并不复杂，如同 Windows 自动更新或为喜爱的 Linux 下载最新的安全补丁一样简单。

针对正在运行的应用更新部件，包括防火墙、打印机、无线路由器，以及其他适合的网络设备。

判断什么是关键数据。创立一个自动的进程，用于备份数据。务必将这些备份的副本放在不同位置。

关闭服务器上的不必需的服务及应用。

表 B. 2　常用的端口及对应的服务

20FTP data	68DHCP	123 NTP	161 SNMP	993 SIMAP
21 FTP	79 Finger	137 NetBIOS	194 IRC	995 SPOD
22 SSH	80 http	138 NetBIOs	220 IMAP3	1433 MS SQL Svr
23 SMTP	110 POP3	139 NetBIOS	389 LDAP	2049 NFS
43 whois	115 SFTP	143 IMAP	443 SSL	5010 Yahoo! Messenger
53 DNS	119 NNTP		4445 SMB	5190 AOL Messenger

因为是小型办公，所以往往有种错觉，即防火墙是没有必要的。或认为，攻击者对这种公司没有兴趣。联网的每个公司都应该意识到潜在的危险。正如你不会为小偷开放前门一样，同"前门"一样，任何其他开放式接入到小型办公的方式都应该受到保护。每个开放的端口都是使得互联网上的主机能够接入到系统的开放点。

随机访问网站或打开危险的电子邮件，用户面临被病毒感染的潜在威胁。用户在互联网上与其他系统的每次交互，他的 IP 地址都被记录。使用此 IP 地址，恶意用户借助常规的应用工具，利用已知的漏洞，可以侵入网络。恶意用户将寻找信用卡号码、银行账户或口令，并且开展其他活动。为今后继续实施攻击，恶意的使用者可能会安装一个木马，这将使他稍后重新登录系统。

注 释

一个防火墙不会解决所有的潜在安全风险。这是一个边界安全解决方案，只能够减少一部分攻击。它会帮助当前的系统不被感染，防止系统对其他系统和网络进行攻击。

另外，如果一个恶意用户试图破解一个合法用户的口令，就能够利用该用户的权限接入网络服务。这就变成了利用系统漏洞获得权利提升的问题。

市场上有大量为因特网准备的设备，这些设备符合小型办公防火墙的需要。根据服务的数量和小型办公的环境，在 NetBSD、Linux 和其他常规操作系统基础上建立和管理防火墙是可能的。一些具有 VPN 功能的应用能够远程访问网络和资源。通过使用用于互联网的设备能够便捷地搭建防火墙，禁止那些不需要的传输。

附录 B 探究小型办公防火墙，提及了它们的优点、问题和可能的解决方案，随后设计和实现一个简单的包括 VPN 的防火墙解决方案。

在小型办公环境里使用一个防火墙

任何系统都存在脆弱的一面，这种脆弱性体现在网络可能会被渗透感染，以及危及安全。系统可以变成僵尸系统，然后由攻击者远程控制并用来攻击其他系统和网络。电子邮件中的隐私、公司未来的项目计划、一些敏感信息的泄漏会造成不同程度的损失。这些会影响公司在客户中的声誉，潜在的用户会比实际的要少。不要轻易地使自己被攻击者伤害。通过分析安全需求，以保护自己、公司、品牌及客户。作为全面的安全解决方案的一个方面，防火墙保护家庭和小型办公室使之不受来自外部的攻击。防火墙通过只允许授权的用户和应用程序获得访问权限，同时允许网络通过已鉴别的数据。

基于主机的防火墙解决方案

基于主机的防火墙作为纵深防御策略中的一个要素，这样做不仅仅是依赖于应用程序保护数据和系统。一些防火墙产品，如 Zone Fire Alarm，Windows XP 因特网连接防火墙，以及其他基于主机的防火墙可以提供个人系统保护机制。在所使用的系统之外，运行一个防火墙，可以对资产实施统一的保护，这样做可以尽量减少问题的干扰。如果一个基于主机的防火墙失效了，它可以替代该防火墙的作用。如果一个设备失效了，只是该设备受到了影响。最后，基于主机的防火墙是使用系统资源来保护你。一个设备没有占据 CPU 和内存资源来保护对资源的访问。

确保定期打补丁并更新所有的系统，或者对一些应用进行更新。给主机安装防病毒软件、反间谍软件和软件防火墙。这将加强主机安全，保护在防火墙后面的系统。这样做可以为每个系统创建两个保护层。

介绍小型办公防火墙案例

以下案例演示了为没有多少系统操作经验或安全经验的一般用户设计一个简单的小型办公防火墙的方法。用户感兴趣的是确保他的网络企业资产的安全，同时允许家人使用一般的宽带网络进行接入。他要保护所有的系统免受外部攻击，防止向外的危险通信。他还希望针对不同的外部网站定制一些对外的通信，能够使用私人电子邮件与他的客户交流。本节描述的用户处于这样的背景中。针对这个问题，提出解决办法并实施解决方案。

评估需求

汤姆是一个在家里办公的交易商。为减少税务支出，他已将自己家里的一个房间作为一个办公室。在他的办公室，有两个台式机作为主要商业办公设备。这两台计算机中，一台装有账单发票、客户账户资料和一些账户管理软件。他的妻子同时也承担一个秘书的角色，使用这些账户管理软件。另一个计算机中的资料包括他的所有与厂商和客户通信的电子邮件，以及目前工作的多个账户的项目计划。汤姆有一个共享的打印机连接到主要工作系统。汤姆有一个 160GB 的网络硬盘驱动器，上面有商业资料的备份档案。他还利用笔记本电脑连接到网络。

汤姆的两个孩子都有自己的电脑。汤姆允许他们上网并约束其上网行为。孩子们可以在一个被监督的环境下探索和拓宽知识。

目前汤姆家有宽带接入。通过网络服务提供商提供的 DSL 路由器设备连接所有的系统。

汤姆要创造一个更隔离的网络。他还希望将孩子们的计算机移动到办公室外面。他计划实现一个无线解决方案，可以用笔记本电脑远程进入业务资源。他还希望有一个个性化的网站和电子邮件地址，就可以用这样形式@company.com 的地址给客户发送邮件，而不是一直使用的雅虎邮箱地址。汤姆对方案的可行性做了一些调研，并意识到能够承担该方案的支出费用（如图 B.1 所示）。

界定案例的范围

汤姆面临的挑战是，他既需要保护公司资产，同时又不影响业务或家人对因特网的访问。所有使用的设备必须能够买到且廉价。

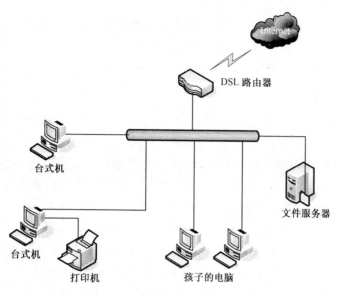

图 B.1　汤姆目前的网络拓扑图

设计小型办公防火墙

本节说明汤姆如何决定需求、计划、设计，并且实现防火墙与 VPN。汤姆掌握了更多可用的功能，不同的防火墙技术和不同的供应商的解决方案的成本。汤姆遵循以下步骤：

- 决定需求
- 分析现有的环境
- 创造一个概要设计
- 制定一个详细设计
- 用 VPN 实现这个防火墙并配置网络

汤姆按照以下步骤进行调研：

- 确定家人和商业的功能要求
- 与本地用户组探讨，征求建议
- 画出他家的物理结构图

确定功能需求

该网络用户是汤姆、妻子及子女。汤姆和妻子都利用互联网进行娱乐，以及家庭商业经营。他的子女使用互联网学习学校的课程和玩游戏。汤姆与家人一起确定了家庭网络的用途。

确定家庭需要

尽管汤姆的妻子看到把孩子们的电脑从家庭办公室里分出的好处，但是她仍然担心无法进入需要的网络。她还不知道能不能够监督孩子们的浏览行为。

孩子们不知道能不能够打印学校的文件，并且关注的是防火墙是否影响游戏的带宽。他们为在自己的空间里拥有电脑感到兴奋。

汤姆计划给妻子买一台笔记本电脑，以方便远程工作和监督孩子，以及用打印机为孩子们打印功课。汤姆考虑的是在本地运行 Web 服务器、电子邮件服务器或支付代管服务。这将改造网络的预算限制到 200 美元，包括防火墙。

与本地用户组交换意见

汤姆听说过一个本地用户组 BayLISA，这是一组不同技能水平的系统和网络管理员。该小组每个月开一次会，讨论专业有关的问题。也可以为社区用户提供一些帮助。汤姆决定把他的问题详细列出并使用电子邮件发给这个小组。他在 BayLISA 组注册并发送了电子邮件给 majordomo@baylisa. org，同时写上"订阅 baylisa"。他通过了验证的程序。几天后，他提交了请求。

针对提出的问题的各个方面，汤姆收到了一些回复。为了与一般性的评论做区分，他将收到的建议进行了分类。鉴于他不具备专业知识来管理 Web 或电子邮件服务器，许多用户建议使用代管的网站。否则，他可能会意外地暴露所有的私人文件给 Web 服务器；也可能会因错误配置服务器或没有给服务器打补丁而引发更多漏洞，并且给业务带来风险。

他对设立一个无线网络的过程有信心，所以可以把孩子的电脑搬出办公室。此外，虽然他可能会设立一个基于 Linux 或 UNIX 系统的防火墙，但是根本不具备在硬件上的支出，也不具备操作系统、应用程序和防火墙的专门知识。他有资金购买防火墙设备，只需记得定期更新防火墙。

建立家庭网站

根据从用户群的初步调查和指导，汤姆做出以下设计考虑：
■ 他需要购买具有 VPN 功能的防火墙。
■ 他需要购买一个无线接入点来连接笔记本电脑和孩子们的系统。
■ 他需要给孩子们的台式电脑买两个无线网卡。
■ 他需要向一个托管服务的公司交费，以便拥有个性化的网站和电子邮件地址。
下一步是分析现有的环境，包括
■ 确定目前的技术选择和制约因素。
■ 确定费用。
■ 估算成本和每个方案的效益。

汤姆认为商业、学校和娱乐内容的宽带接入量应该是相等的。他认为为孩子们买第二个打印机是一个好选择，因为这将限制儿童进入办公网络。他还决定不需要 Web 服务器和电子邮件服务器，因为这将影响家庭的带宽，所以决定远程管理这些服务。

汤姆现有的网络是很简单的。房间的宽带服务通过 DSL 调制解调器实现。通过调制解调器，该服务通过以太网电缆有线连接个人电脑。打印机通过串行端口与主要业务的计算机相联。打印机对本地网络是共享的。网络磁盘机通过电缆连接。

确定当前的技术选择和制约因素

与当地的用户群体会谈后，在商店的货架上查询了可供选择的产品，使用关键词

"小型办公防火墙最佳实践"在互联网上搜索,汤姆意识到有几个选择来设定防火墙。

汤姆列出了一个可供选择的清单,可以更好地研究已做出的选择。他填写的名单包括重要特点、技术规格,以及每个模块相关的定价。他的清单看起来类似表 B.3,每列代表一个解决方案。

表 B.3 提供商特征列表

提供商		Netgear
产品特点	网站	Prosafe FVS 114
	防火墙类型	状态包过滤检测
	VPN 类型	IPSec (ESP, AH), MD-5, SHA-1
		DES, 3DES, IKE, PKI, AES
	入侵防御	Y
	入侵检测	Y
	防病毒保护	N
	内容过滤	有一些
	升级机制	通过 Web 浏览器
	许可证	NA
	管理	通过 Web 浏览器
技术	处理器	200 MHz 32b RISC
	操作系统	
	内存	2MB flash, 16MB SDRAM
	端口	4
	无线	N
	控制/调制解调器	N
	证书	符合 VPNC
价格		$79.99

然后他填充供应商的订单。他宁愿在本地购买硬件。如果硬件不工作,这样容易换货。他很快就决定以 59.99 美元的价格购买 Linksys 的无线宽带路由器,以 79.99 美元的价格购买 NetGear ProSafe VPN 的防火墙模模块 fvs 114 。他在预算之内完成任务,并且实现了需要的全部功能。

实现小型办公防火墙

本节在一个较高的水平描述汤姆如何建立防火墙保护 VPN 访问网络。他的办法的执行情况如下:

- 装配网络组件
- 安装组件
- 从各种接入点测试配置

装配网络组件

汤姆走访了当地的硬件商店 Fry's Electronics,购买了 1 个 Linksys 无线宽带路由器、1 个 netgear ProSafe VPN 防火墙模型 fvs 114 和 2 个华硕 802.11b/g 无线网卡。他已经有电缆,能够将业务系统与防火墙连接起来。

安装组件

　　汤姆合理地完成硬件安装，对孩子的台式电脑进行了升级。他觉得能够胜任组装元件的工作，所以把网络整合在一起不应该有任何的问题。

远程虚拟 DMZ

　　服务方为他提供了多种选择的方案，看完了能够承载 Web 和电子邮件服务器的方案后，汤姆选择用雅虎小企业服务的网站。他多年一直使用 his@yahoo.com 地址，并且没有任何问题。他知道，由于其业务性质，雅虎！有一个可靠和冗余网络。他对雅虎使用的定期快照和网站的备份有深刻印象。他觉得该网站安全，因为知道该网站不会因为一个即时通知而消失。汤姆在 http://smallbusiness.yahoo.com/webhosting 搜寻一个描述性的网域名称 widgets.com。他试了 tomswidgets.com，它是可利用的。他单击了"比较所有的计划"。看磁盘空间和其他功能，他认识到现在只是需要开启其计划。他支付 25 美元的安装费和 11.95 美元购买了 5GB 的空间，200 个可能的商业电子邮件地址，以及其他的功能。他知道，网域大约 24 小时后才可用，可以立即开始编辑网站。他的妻子登录该网站，并且使用网站建设工具复制了为这个公司制作的宣传材料。

　　他正在投资一个解决方案，这意味着不需要深入了解用于如何建立一个可靠、容错的电子邮件和 Web 服务器的技术，以及如何为入站和出站的电子邮件实施垃圾邮件管理及防病毒保护。目前，该空间只要保存他的 Widget 目录，以及联络资料。他的妻子就如何改进网站有很多创意。

　　这个解决办法创造了一个远程虚拟 DMZ，将他的 Web 服务器和邮件服务器从家庭系统中分离。管理服务器会消耗接入到家中的带宽。不管理服务器的做法大大地节省了时间。

安装无线网卡

　　汤姆戴上一对抗静电腕带之后，他打开了孩子们的电脑。他拔去电源和所有的电缆并把系统放在平整的工作台上。他依次打开每台电脑，同时在计算机金属框架附上腕带。他旋开金属防护固定的螺丝，防护物在开放式 PCI 插槽前面。他小心插入一个智能卡，推直到觉得卡坚固地插入到了位置。他在第二台计算机上重复同样工作。汤姆关闭每个系统，记录每个卡的 MAC 地址。安装完成后就重启了系统。添加新硬件的向导出现后，汤姆按照提示信息安装卡。他确认该 MAC 地址是预期的，这可以通过用 start | run | command 命令打开一个命令窗口来确认。他输入 ipconfig /all，然后看到：

```
Ethernet adapter Wireless Network Connection：

Media State . . . . . . . . . . . ：Media disconnected
Description . . . . . . . . . . . ：ASUS 802.11b/g Wireless LAN Card
Physical Address. . . . . . . . . ：00-11-E6-AB-24-9C
```

　　他在第二台计算机上重复这个过程。记下 MAC 地址后，他检查两个笔记本电脑以确认其地址。

配置无线路由器

汤姆把无线路由器插到 DSL 调制解调器。他按指示连接到附带的无线路由器。他首先设置无线网络名称 WiHoInc 和禁用 SSID 广播。根据用户组的帖子，这样做使得其他个人用户将无法发现他的无线网络。

> **注 释**
>
> 无线路由器默认的用户名和口令是空白的用户名及 admin。应该在基本配置后立即对这些进行修改。

他使用 WPA 预共享密钥，选择 AES 加密，并且创建一个合理长度的共享密钥"Widgets for the Win"。这是一个口令短语，会很容易记住，但不容易为他人利用。他将这个口令短语以一种加密格式保存在 PDA 设备上，那里同时还保存着其余的进入重要数据的口令。

他启用 MAC 地址过滤，这将只允许注册的电脑进入无线网络。他编辑 MAC 过滤地址，并且增加了孩子们的电脑和两个笔记本电脑。

他单击"安全"标签，开启防火墙保护。虽然这不是汤姆的主要防火墙，但这将保护他的笔记本电脑和孩子的系统不受一些攻击。他肯定"屏蔽匿名的互联网请求"是启用的。他还过滤组播和鉴定的要求。他不过滤互联网的 NAT 重定向。

他登录每个孩子的个人电脑及笔记本电脑，并且配置连接到 WiHoInc 网络。确认能够正常连接之后，他在房间中拆开和再整合孩子的个人电脑。他可以配置无线防火墙，只允许网络流量在一天的某些时候通过。这样做可以防止孩子在妻子不在的时候浏览网络，虽然他觉得孩子们会遵循规则使用互联网。此外，他还打开了监测记录，以能够知道电脑浏览了何处。他也有能力屏蔽特定的网站或关键字。对于无线设备的控制，防火墙是有局限性的，所以在未来，他可能会在网络路由器和无线设备之间安装另外一个防火墙设备。

用 VPN 路由器配置防火墙

汤姆使用电缆将无线路由器连接到他的防火墙。他开启防火墙。然后，他将电脑和打印机的网络端口与防火墙的以太网端口连接起来。他通过检查显示每个端口连接的灯确保端口工作正常。

> **注 释**
>
> 防火墙将内部网络与其他网络分隔，使内部网络是最安全的。如果无线网络被危及，内部网络的服务器将无法被访问。

他浏览 192.168.0.1（这些设备的默认 IP 地址）。他接受所有的默认，允许无线路由器分配给防火墙 DHCP 地址，以及让防火墙分配给其内部系统自己的 IP 地址。

注 释

防火墙默认的用户名和口令是 admin 和 password。配置完成后要立即改变。

汤姆检查基本设置。从最初的安装开始，他可以放心地接受这个基本配置。

然后他检查是否能够正常登录，检查所有的网页站点和访问过的新闻组、所有入站的 tcp/udp/icmp 传输、所有出站的 tcp/udp/icmp 传输、其他的 ip 传输，以及基于网页界面的路由器连接。关于什么事情发生在内部网络，他希望能得到尽可能多的信息。随后，对系统的正常行为表示满意。他可能会关闭一些日志记录，导致这些日志不是很全面。汤姆并不担心 Syslog 服务器配置，因为没有记日志的基础设施。现在，汤姆不打算以电子邮件的方式把记录传给自己；相反，他选择看这些日志并手动清除。

现在日志是全面的。记录在图 B.2 的灰色部分显示汤姆访问管理员界面。

在"规则"选项卡上，汤姆认为可以设定具体的规则，允许和禁止服务或行为的发生。汤姆计划观察其日志数天并确定是什么是需要的配置。

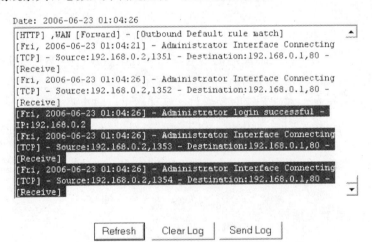

图 B.2　管理员访问日志

汤姆在一个能够提供 VPN 功能的解决方案上做了投资。这个方案允许他将笔记本电脑远程连接到内部系统，并且可以在阳台或房屋的任何地方打印、存取记录。现在，他得到基本防火墙的配置，可以配置 VPN 访问。他单击 VPN 向导并给连接起一个名称。他重用预共享密钥并选择远程 VPN 客户端。

他下载 Netgear VPN 客户端软件，利用 IPSec 来连接到 VPN。通过选择，如果他的一个合作伙伴对 VPN 防火墙使用相同的设置，则可以通过防火墙直接连接到另一个 VPN 防火墙。

从各种接入点测试配置

汤姆先检查孩子们是否都可以访问互联网。速度显示正常连接到 www. yahoo. com。他下次尝试访问办公室打印机或他的办公室服务器。这两个设备，对他的孩子们来说都连接不到。

接下来，汤姆检查笔记本电脑是否已经连接上互联网。他知道能用孩子的个人电脑浏览网页，不期望出现任何问题。他没有失望，因为无线网络如预期般工作。他单击应用软件的图标，开启了 VPN 隧道。他现在已连接到办公室里的打印机、服务器。他通过成功连接打印机和从服务器获得的文件共享，确认这些设备工作正常。

最后，汤姆检查办公室服务器访问所需的功能都在业务需求的范围之内。他访问 Widget 产品网站去下载一些内容。连接正常。他还可以从两个系统打印，并且能够访问备份文件服务器。他非常满意网络能够按照预想的方式工作。

小结

防火墙作为一个边界卫士，利用应用代理、包过滤或状态检测技术实施对数据包的过滤。汤姆最后的网络拓扑结构是全面的。他有一个内部 DMZ，创造一个不受信任的网络，这仍然保护他的网络，一个外部的虚拟 DMZ 通过托管服务，以及一个防火墙之后的被保护的内部网络（如图 B. 3 所示）。

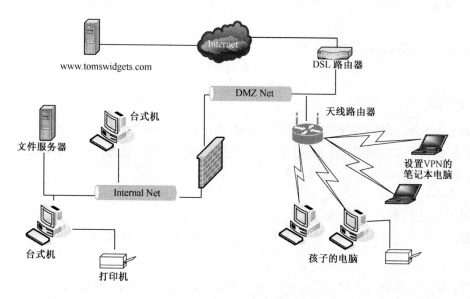

图 B. 3　汤姆的配置防火墙的网络

为自己的需求选择合适的防火墙。如果没有 GB 级的连接，1000Mbps 是没有用的。10/100Mbps 是足够的。DHCP，一个 GUI 管理着防火墙、无线接入点、虚拟专用网络，不同类型的过滤器，以及防火墙的机制，这些都是需要分析的，以确定什么将会是最值得投资的。不要实现不需要的服务。

快速解决方案

介绍小型办公防火墙案例

∨ 安全是一个重要的功能，小型办公用户必须解决，因为要连接到内联网。

∨ 保护网络资产可以通过将房子实施网络安全来实现。

∨ 终止不需要的服务，不必在系统中开放不需要的端口，这些端口可能被用来渗透进入网络。使用 *netstat* 以确定哪些端口正在运行哪些服务。

设计小型办公防火墙

∨ 游戏、教育和商业的互动是功能需求的组成部分。

∨ 在初步设计中，用户选择一个远程服务承载网站、电子邮件、防火墙、无线路由器。

实现小型办公防火墙

∨ 在详细设计中，用户组装元件、安装硬件、配置软件、测试接入点。

∨ 配置包括检验默认设置，验证用户登录和 VPN 的有效性。在验证日志中的典型使用后，进一步修改防火墙配置。

∨ 根据对功能的需求，有多种解决方案。对于小型企业和家庭办公室用户，其价格范围从 50～600 美元。

∨ 为所有的设备改变默认口令。

常见问题

如下由本书作者回答的常见问题被用来衡量对本章出现的概念的理解程度，并且帮助理解这些概念在实际生活中的应用。为了使你在本章中的问题得到作者的回答，浏览 www. syngress. com/solutions 且单击 "Ask the Author" 表格。

问：我怎么维护一个防火墙？

答：查找制造商的网站。注册任何邮件列表并确保安装了推荐的补丁。

问：我的一个应用程序不正常工作了，怎么才能让它工作？

答：第一，把防火墙取出。它现在能工作吗？如果是，从基本原则开始。打开防火墙上的最高级别登录模式。是否显示登录连接被拒绝？如果是，配置规则，使规则设置符合该设定。可以通过对正在运行应用程序的系统用 netstat 命令来查看它在寻找什么端口，判断需要什么样的设置。如果在日志记录没有看到一条连接被拒绝，查看是否有与此特定的应用相关的报告的问题，以及选择的设备。最后，如果其他方法都失败，并且无法找到所需的信息，与制造商联系并寻求支持。通过这些步骤，可以通过辛勤努力来解决问题，然后技术支持会更细心倾听已经采取的步骤。

问：如果它不工作，我该找谁联系？

答：与设备制造商联系以寻求支持。检查所购设备附带的文档，以及供应商的网站。建议购买之前检查供应商的网站，查看解决办法来衡量支持水平。检查最喜爱的邮件列表，baylisa@baylisa.org 和 sage-members@sage.org；本地 Linux 用户组邮件列表，如 svlug@svlug.org，一般都可以有所帮助，或者也可以检查安全邮件列表。

问：解决方案的成本是什么？

答：本案例提供的一个解决方案的成本是，无线设备和防火墙设备花费 130 美元，然后每个月 12 美元的 Web 服务费来租赁网站主机。根据选择的解决方案，花费多或者少，由系统的功能和供应商决定。

附录 C
术语表

学习计算机安全过程中可能遇到的名词和缩写

ActiveX：是由 Microsoft 创建的，与 SUN 公司 JAVA 具有相似风格的标准。其主要目标是创建平台独立的程序，这样的程序能够被应用到不同的操作系统。ActiveX 是一个宽松的标准，而不是一门具体的语言。一个 Active 组件或者控件能运行在各种与 ActiveX 相兼容的系统平台上。

ActiveX 定义了能与系统交互的 COM 对象和 ActiveX 控件的方法；然而，这并不局限于某一门语言。ActiveX 控件和组件能够使用不同的编程语言来创建，如 Visual C++，Visual Basic，以及 VBScript。

Active Scripting（动态脚本）：是用来定义能在 HTML 中运行的各种脚本程序，目的是与用户交互和创建动态的网页。HTML 本身是静态的，并且只能显示文本和图片。使用了动态脚本语言，如 JavaScript，VBScript，开发者就能够实时在网页上更新时间，在窗口顶部显示信息或者创建在屏幕中来回滚动的文本。

Adware*：广告软件不是完全的流氓软件，广告软件被认为是超出合理范围的广告之一，可能是免费或者共享软件。通常情况下，一个独立的程序和共享软件或者类似的软件一起安装，即使原来的软件没有运行，广告软件也能够继续产生广告效用。

杀毒软件：杀毒软件用来保护计算机，以防止病毒、蠕虫或者其他恶意代码的危害。大多数杀毒软件监测上网时的数据流量、扫描入站的 E-mail 和附件或者检查本地所有文件是否包含恶意代码。

应用网关：应用网关是一种防火墙。所有内部电脑与代理服务器建立连接。代理服务器执行所有与互联网的通信。外部的电脑只看到代理服务器的互联网协议地址，从来不能与内部客户端直接沟通。转发时，应用网关比电路级网关审查更彻底，被认为是更安全的；不过，它使用更多的内存和处理器资源。

攻击*：一种试图绕过安全管制制度的行为。攻击可能是主动的，攻击往往在修改数据或者释放数据的时候发生，也可以是被动的，这导致了数据的泄漏。注意，事实是攻击发生了并不一定意味着它一定会取得成功。成功的程度取决于对系统的脆弱性和有效的现行对策。攻击经常用来当作某一特定漏洞的别名使用。

验证：在确定收到的邮件或文件是安全的之前，要先验证该文件是谁发出，是否是所标识的那位。验证的过程就是为了确定真实身份。基本的身份验证是使用口令，以确认是否是所说的人。也有更复杂的和精确的方法，如生物特征（如指纹、视网膜扫描）。

骨干网：互联网的骨干网是从数据世界上一端传送到另一端的主要通信管道。大型互联网服务供应商，如 AT & T 公司和 WorldCom 构建了骨干网。他们与称为城域交换的交换中心相连接，与对方的客户通过对等协议交换数据。

后门：后门是一种以一个秘密的或没有记录的方式获取的计算机系统。许多程序有程序员放置的后门，它们是为了解决故障或更改程序。其他后门由黑客放置，一旦黑客获得一种访问权，就更容易进入系统及防止侵入被发现。

生物识别技术：生物识别技术是一种形式的验证，使用用户独特的物理性状。与口令不同，黑客不能"猜测"指纹或视网膜扫描信息。生物识别技术使用一个相对较新的方法，这些方法可以是指纹、视网膜扫描、语音模式匹配，以及其他各种独特的生物性状来验证用户身份。

宽带：从技术上来看，在一个单一的介质上，宽带可以进行一个以上的信道传输（例如，有线电视的同轴电缆可以传输多渠道，可以同时提供因特网接入）。宽带也常常用来形容高速互联网连接，如电缆调制解调器和数字订户线路（DSL）。

BUG：在计算机技术中，bug 是计算机程序的编码错误。当一个产品发布或测试后，bug 仍然可能出现。发生这种情况时，用户必须想方法避免使用有 bug 的代码，或者打上代码编写者提供的补丁。

电路级网关：电路级网关是一种防火墙，所有的内部计算机通过代理服务器建立"电路"，代理服务器处理所有同因特网的通信。外部计算机只能看到代理服务器的 IP 地址，而不能直接和内部客户端进行通信。

Compromise（危及安全）：讨论因特网安全时，compromise 并不意味着两个实体双方都达到一个互利的统一点，而是意味着计算机系统或者网络是不安全。一个典型的危及安全就是其他人获取计算机的管理员口令。

Cross site scripting（跨站点脚阵）：跨站点脚本（XSS）指的是一种能力，通过在 HTML 中插入可以在用户计算机中运行的恶意代码，使用动态脚本的功能攻击用户。这些攻击包括重新定向到其他站点、窃取口令和个人信息等。

XSS 是一个编程领域的问题，不是某些特定的浏览器软件或 Web 主机服务器的弱点。它由网站开发者来保证用户输入的正确性，以及在执行代码前检查恶意代码。

Cyberterrorism（网络恐怖主义）：这个词比其他词更令人迷惑，常常作为用于政治或军事意图的来自政府的计算机攻击。一些黑客使用所偷取的信息（或威胁窃取信息）来获取一些公司的资产。

DHCP：动态主机配置协议（Dynamic Host Configuration Protocol）用来自动完成网络中计算机 IP 地址的配置。网络中的每台机器都必须有惟一的 IP 地址。DHCP 自动产生 IP 地址，记录正在使用的 IP 地址，当机器不在网络中时还需要回收该 IP。每台使用 DHCP 配置的设备都需要连接 DHCP 服务器来请求 IP 地址。DHCP 服务器就分配其已配好的范围内的一个 IP 地址给请求的设备。每个 IP 地址都有一个租赁期，当设备从网络中拔除或者 IP 租赁期到了，该 IP 就会被回收到 IP 储存池中，以供其他设备使用。

非武装军事区：DMZ 是一个中立的缓冲区域，该区域将内部网络和外部网络隔离开并常常存在于两个防火墙之间。外部用户能够访问 DMZ 的服务器，而不能够访问内部网络的计算机。DMZ 中的服务器作为流入流出的通信量仲裁者。

DNS：域名系统（Domain Name System）用来提供一种机制，将域名转译为对应的 IP 地址。对于用户来说，与其记住实际的 IP 地址（如 65.37.128.56），不如记住所要访问的网站的域名更方便（如 yahoo.com）。域名服务器维护这一张域名和 IP 地址的对应表，当一个请求到达时，就能指定到对应的 IP 地址。

维护一个全世界范围内所有的域名和 IP 地址的数据库是异常困难的，当然也不是不可能。由于这个原因，这已是一个世界难题。很多公司、Web 主机、因特网服务供应商都来解决这个问题，他们维护其 DNS 服务器。像这样分担工作量，比依赖某一方，加快了处理流程，同时也更加安全了。

拒绝服务：拒绝服务攻击使用大量的流量淹没网络，造成一些合法访问的响应特别慢，或者直接终止了服务。更加常见的攻击是使用 IP 传输协议（TCP/IP）来创建大量的网络流量。

E-mail 欺骗：E-mail 欺骗是强制转化 E-mail 的头信息，使之看起来是来自其他用户的邮件，而不是原有的。实施 E-mail 的协议是简单邮件传输协议（SMTP），没有对源进行任何的验证。通过改变头信息，E-mail 看起来像是来自别人的。

E-mail 欺骗经常由病毒作者使用。由于伪造了 E-mail 的源地址，使得病毒广泛传播，用户很难对带有病毒的源文件进行跟踪。E-mail 欺骗也经常被垃圾邮件发布者用来隐藏其身份。

加密：加密是将文本、数据或者其他通信的信息进行编码，没有通过授权的用户是无法看到听到的。一个加密过的文件都是显示乱码，除非能得到口令或必要的密钥来解密信息。

防火墙：基本上来讲，防火墙是计算机（或者说内部网络）和外部世界的保护性的屏障。通过防火墙进入或出去的流量都可以根据选择来封锁或限制。通过锁定不必要的通信，以及限制某些协议或个体需要的通信，就能极大程度上提高内部网络的安全性。

取证：取证是一个法律用语。其根本是标识在法庭讨论决定的事情，或者是应用一些知识到一个法律问题。

在计算机世界里，取证通常用来描述从某已知计算机中提取和收集数据，来判断某次侵入是如何发生的、何时发生、侵入者是谁。雇佣了具备良好安全经验人员、维护网络日志和访问文件的公司，就很容易达到这点；而且有了足够的知识和使用正确的工具，这些证据甚至能在烧坏、水淹、甚至被严重物理破坏的计算机系统中解析出来。

黑客：通常用来描述通过自身掌握的网络、计算机系统的知识来获取别的系统中未被赋予的权限。经过不断地使用，典型的黑客是指为了达到好奇心或者为了挑战，而不是为了偷取和破坏数据的人。真正的黑客们已经声明，他们的行为是善意的，这个词已被误用。

启发式：启发式使用过往的经验来对目前做出科学的猜测。使用基于从前的网络和 E-mail 监控分析的规则和判断，杀毒软件的启发式扫描能够自助学习和使用人工智能来封锁尚未发现的病毒和蠕虫，虽然还没有一个足够好的杀毒软件的过滤器能够详细描述这些病毒和蠕虫。

欺骗：欺骗就是试图说服一个用户，让其相信某个事件不是真实的。它经常和 E-mail 关联在一起，这些 E-mail 看起来非常好，很像真实的。或者询问是否要执行这样的操作："将其发送给你认识的所有的人"。

主机：就因特网而言，主机从本质上来讲就是任何连接到因特网的计算机。因特网上每台计算机或设备都有惟一的 IP 地址，IP 地址能够让其他主机很方便地找到该主机并与它进行通信。

HTML：HTML 是用来创建 Web 图形界面的基本语言。HTML 定义了用于在 WWW 上创建文档的语法和标签。在其基本形式中，HTML 文档是静态的，也就是说，只能显示文本和图片。为了能够使鼠标操作文本、特效、按钮时，这些元素相应发生变化，开发者就需要使用动态脚本，如 JavaScript、VBScript 或者使用第三方插件（如 Flash）。

另外还有很多 HTML 的变体。动态超文本标志语言（DHTML）使页面能够包含类似 JavaScript 或 CGI 脚本来显示每次用户登录系统的时间及用户的信息。可扩展标志语言（XML）现在越来越受欢迎，因为它能够与数据交互，并提供一种能让各种不同平台、程序共享和解析的机制。

ICMP：因特网消息控制协议（Internet Control Message Protocol，ICMP）是 TCP/IP 中 IP 的一个划分，常用的网络测试命令如 ping 和"跟踪路由"（TRACERT）都依赖 ICMP。

标识偷窃*：使用私人信息来伪装成其他人，主要用来欺骗。

IDS：入侵检测系统（Intrusion Detection System）能够监测网络，并且能在有未授权地访问或尝试时通知用户或管理员。监测的两个最主要方法是基于特征的和基于异常的监测。根据使用的不同设备和程序，IDS 能够通知用户或管理员，将某些网络事件挂起或者根据某种规则自动响应。

基于特征的监测是监测比较包含已知攻击方法特征数据库里的数据。基于异常地监测通过比较现有网络流量和已知正常基线来查找出脱离常规的行为。IDS 可以放置在网络中充当网络入侵监测系统（NIDS），可以监测所有的网络流量；IDS 也可以放在独立的系统中充当基于主机的入侵监测系统（HIDS），其只能监测到某一特定设备的流量。

即时消息：即时消息（IM）使用户能够实时交流。从因特网转接聊天（IRC）开始，用户已能够进行实时聊天，而不是如发送 E-mail 或将消息提交给论坛或留言板。

在线服务提供商，如美国在线（AOL）和 CompuServ 创建了消息系统，能够让用户看到朋友是否在线和能否聊天（当然，他们也使用同一消息系统），ICQ 的出现标志 IM 系统并不绑定于特定的因特网服务供应商，并且取代了主流的即时消息系统。

因特网：因特网最早被称为 ARPA 网，由美国政府创建，主要是为各个大学和研究院之间的数据共享。时至今天，数以百万计的计算机都连接到因特网上，在网络中并没有中心服务器或所有者，网络上的每台机器都与其他的连接在一起。

企业内部网：企业内部网是访问受限的因特网。公司内部网通常使用与因特网同样的通信缆线，但能在适合的地方显示其安全性，并且限制员工、客户、供应商的访问。

IP：IP 是用来承载数据包到合适的终点。每个包都包含起始和终点 IP 地址。每个接收到 IP 数据包的路由器或网关都将查看其终点 IP，并且决定该如何转发。数据包到达其终点之前是在各个设备之间转发的。

IP 地址： 一个 IP 地址用来惟一确定因特网中一个设备。目前的标准（IPv 4）是由 4 个 8 位块组成的 32b 数字。在标准的十进制数字中，每个数据块可以是 0～255 之间的任意数字，一个标准的 IP 地址 192.168.45.28。

一部分地址指向搜索的特定区域的网络地址，如邮件一般先发送到邮政编码指定的地址。地址的其他部分是本地地址，用来指明网络内的特定机器，如邮政编码内指定的街地址。子网掩码用来决定几位比特组成网络划分、几位组成本地划分。

下一代 IP（IPv6）已经被创建出来，并在某些地区已开始应用。

IP 欺骗： IP 欺骗就是用伪造的信息填充数据包的 IP 地址信息。每个数据包包含了起点和终点 IP 地址。通过使用伪造的 IP 来取代原有真实的起点 IP，黑客就可以掩饰攻击的源头，或者迫使终点 IP 地址回应到另一台机器，这很可能导致 DoS 攻击。

IPv4： 目前因特网上的 IP 版本是第 4 版。IPv4 是直接将信息的数据包发送给正确的地址。由于可用 IP 地址少的缺点，为了满足未来的需要，一个更新的 IP 版本正在开发中。

IPv6： 为了解决目前正在使用的 IPv4 的问题，以及添加新的特性以应对未来协议的要求，IETF 已经提出了 IPv6，也称为 IPng。

IPv6 使用了 128 位地址，而不是现有的 32 位。它提供了一个指数级增加的可用的 IP 地址数量。IPv6 同时也提高了协议的安全和性能。IPv6 是向后兼容 IPv4，所以不同的网络或者硬件产商，可以在不改变现有因特网的数据流的情况下，选择在不同的时间升级到 IPv6。

ISP： ISP 是一个公司，拥有服务器、路由器、通信缆线和其他必要的设备在因特网上提供服务。他们以拨号上网、光纤调解器、数字用户线和其他连接方式来连接到设备的访问。大型 ISP 形成了因特网的骨干。

JavaScript： JavaScript 是由网景公司创建，基于 SUN 微型系统的跨平台的 Java 语言的一种动态脚本语言。其原名叫 LiveScript，由于 Java 的流行性，网景公司将其改名为 JavaScript，JavaScript 能在 HTML 中执行一些小程序来产生一个动态的 Web 页面。使用 JavaScript，开发者能够在鼠标指向文本或图片时使其改变、在网页上更新现有的日期和时间或者添加个人信息，如离用户上次访问系统已有多长时间了。IE 支持了 JavaScript 的一个子集，称为 JScript。

恶意软件： 恶意代码是各式各样的能引起问题和破坏计算机的软件的总称。常见的恶意软件有病毒、蠕虫、特洛伊木马、宏病毒和后门。

NAT： 网络地址转移是用来掩盖内部计算机的真实标识。具体来说，NAT 服务器或设备拥有一个公开的能被外部访问的 IP 地址。本地网络上的计算机使用一个完全不同的 IP 地址集。当数据出站时，内部 IP 地址将被去掉，由 NAT 公开的 IP 地址取代。当一个回应到达 NAT 设备时，它将会确定由哪个内部计算机进行响应，并将信息转发给该计算机。

该方法的一个优点能够使多台计算机共亨一个公开的 IP 地址，许多家庭路由器使用 NAT 来让多台计算机共享一个 IP 地址。

网络：技术上来讲，只需要两个计算机或宿主就可以组成一个网络。网络就是两台或两台以上的计算机连接在一起共享其数据和资源。常用的网络资源包含打印机，由多个用户公共使用，而不是一个用户一台。因特网是一个大型的数据和资源共享的网络。

网络安全：网络安全是用来描述计算机安全和未授权访问的所有问题。它包含阻止外部用户进入网络，也包含使用口令保护计算机，从而保证只有授权的用户能访问敏感数据。

P2P：点对点网络能够让任何单独的机器作为其他机器的服务器。流行的音乐文件交换服务——Napster，P2P 能让用户和其他用户利用同样的 P2P 客户端软件，通过计算机网络进行数据共享。网络上的每台机器都能够作为一台服务器来供其他主机下载文件，也能够作为客户端在其他计算机上搜索所需要的文件。

信息包：一个信息包，或者称为数据包，是一个数据的片段。数据传输被分成了多个数据包。包含部分数据的每个数据包作为标头资料被发送，其中包含数据的目的地址。

数据包过滤器：数据包过滤器是一种防火墙。数据包过滤器可以限制网络流量，使网络拒绝使用未授权的主机、通过未授权的端口或试图连接未授权的 IP 地址。

数据包监听：数据包监听是一种从计算机网络中捕获数据包的行为，这种软件或设备叫做数据包监听器，数据包监听行为相对于计算机网络来说，如同搭线窃听相对于电话网络。

数据包监听可以用来监控网络性能或者解决网络通信问题。然而，它还被广泛应用在黑客和一些通过非法途径来收集自己想要的信息的人身上，通过数据包监听器可以捕获网络中类似口令、IP 地址、协议等数据，以及其他可以帮助攻击者渗透网络的信息。

修补程序：补丁类似创可贴。当一家公司发现其软件存在错误和缺陷时，会在下一个版本的程序中修复。然而，有些错误使得现在的产品无法使用、功能不足或带来一些安全问题。针对这些问题，用户一般不能等到下一个软件版本的发布来修复这些漏洞。因此公司必须编制一个小型的临时修补程序，以便用户解决此问题。

网络钓鱼[*]：大量的人被通过垃圾邮件或通过其他一般性张贴欺诈性信息来要求提交个人安全信息，然后用于进一步的欺诈或身份盗窃。这个词可能是"诱捕"一词的扩展，它的方式可以是：发布一些易激怒人的消息、在消息组中发表观点、寻求帮助的邮件。以这些作为诱饵，引诱别人上钩。

端口：端口双重的定义。在计算机上，自身有各种插口（例如，鼠标、键盘、通用串行总线［USB］设备、打印机、显示器等，都需要端口插入计算机）。不过，同TCP/IP 协议信息安全最相关是虚拟端口。在计算机中，端口如同通道。一般的网页或超文本传输协议（HTTP）的流量端口是 80。邮件传输协议版本 3（POP 3）使用端口110。通过封锁或开放接入网络的端口可以控制经过网络的流量。

端口扫描：端口扫描是黑客所使用的方法，以确定哪些端口是开放的，正在被系统或网络使用。通过使用各种工具，在一段时间内，黑客可以将资料传送到 TCP 或 UDP 端口。在回应的基础上，端口扫描实用程序可以判断该端口是否正在使用。通过这个信息，黑客就可以集中攻击开放的端口，以及尝试利用任何弱点获取访问端口的机会。

协议：协议是对沟通方式的一种尺度或者共同统一的认识。通信时，如何协商是很重要的。如果一方讲法语，另一方讲德语，交流就可能失败。如果双方同意都讲一种语言，沟通就会继续进行。

互联网所使用的通信协议是 TCP/IP，TCP/IP 是包含许多特殊功能的协议集合。这些协议由国际标准机构设定，并且被几乎全球范围内所有平台使用，这样可以确保所有设备在互联网上可以成功沟通。

代理服务器：代理服务器充当内部和外部网络的中间人。它有双重角色，加快对因特网的服务速度并对内部网络提供了一层保护。客户向代理服务器发送因特网请求，进而启动与实际目标服务器的通信。

通过高速缓存被发送了请求的页面，代理服务器通过对今后访问相同页面的快速处理来提高性能，使用缓存信息而非再次向该网站发请求。

使用了代理服务器时，外部系统只可以看到代理服务器的 IP 地址，而计算机使用的真实身份是隐藏的。代理服务器也可以配置一些基本规则，这些规则包括哪些端口或 IP 地址不容许通过。如果这样做，这就是一种基本防火墙。

根工具包：根工具包是黑客攻击一个系统时，用来持续访问的一套实用技术。根工具包让黑客得到用户名和口令，开始对远程系统发动攻击，通过隐藏文件与进程、以及从系统日志上消除活动痕迹，来掩饰其行动。

脚本儿童：脚本儿童是黑客用来形容黑客新手攻击的贬义词。此词来自事实，即这些黑客新手往往依靠现有的脚本、工具创造攻击。他们不具有任何专业的计算机系统知识，或不知道如何进行破坏性的攻击，甚至没有意识到已经实施了攻击。脚本儿童倾向于扫描和攻击大型互联网，而不是针对特定的电脑。他们通常没有任何的目标，只是看看可以制造多少混乱。

SMTP：简单邮件传输协议（SMTP）用来发送电子邮件。SMTP 协议为不同的服务器发送和接收电子邮件提供一种共同语言。对于 SMTP 协议，默认的 TCP/IP 端口是 25。

SNMP：简单网络管理协议（SNMP）是一项用于监测网络设备的协议。设备，如打印机和路由器，使用 SNMP 沟通它们的状态。管理员使用 SNMP 的管理功能管理各种网络设备。

状态检测：状态检测是一个深层次的包过滤防火墙。数据包过滤防火墙只检查数据包标头，以确定源地址、目的地址和源及目的端口，以核实其规则，状态检测机制在应用层检验数据包。状态检测监视入站和即将出站的包，以确定来源、目的地和内容。确保只要求提供的信息是允许进入的。状态检测有助于防止黑客技术，如 IP 欺骗和端口扫描。

TCP：TCP 是 TCP/IP 协议的主要组成部分，是互联网通信的基础。TCP 负责把大数据分解为较小的数据块，即所谓的包。TCP 指派每个数据包一个序列号，然后将它们传输给目的地。因为如何在互联网上传送是被设定的，每个数据包不可能采取相同的路径到达目的地。在接收端，TCP 将接收到的数据包以正确的顺序重新组装并进行纠错检查，以确保接收完整的数据。

TCP/IP 协议：TCP/IP 协议是一套协议，确定了互联网的通信基础。

TCP 连接有助于控制如何将较大的数据分解成一些小数据包传输。在接收端，TCP 重新组装数据包并进行纠错，以确保所有的包都抵达并按正确的顺序组装。

IP 用于确保路由的数据包到达适当的目的地。IP 管理数据包的地址，并且告诉其路径上的每一个路由器或网关如何及在何处转发数据包，从而其能够到达目的地。

其他与 TCP/IP 套件相关的协议是 UDP 和 ICMP。

特洛伊木马：特洛伊木马是伪装成一个正常应用的恶意程序。特洛伊木马程不能如病毒一样自我复制，但可以与病毒一样通过附件传播。

UDP 连接：UDP 是用于互联网上通信的协议，是 TCP/IP 协议族的一部分。除了提供很少的错误检查和不与特定的目标建立连接外，其他的特点与 TCP 类似。它广泛用于在网络端口向所有正在等待计算机广播消息。

VB 脚本：VB 脚本是一个 Microsoft 用于与 Netscape 的 JavaScript 的积极竞争所创作的脚本语言。VB 脚本基于 Microsoft 的流行编程语言 Visual Basic。VBScript 是一个动态脚本语言，用在 HTML 中执行小程序来产生动态网页。使用 VBScript，当在它们上面单击时，开发者可以生成文本或图形、更新当前网页上的日期和时间或增加个人信息，如距离该用户最后一次访问网站有多久。

病毒：病毒是恶意复制本身的代码。每天都有新病毒被发现。一些病毒仅仅是存在并自我复制。另一些病毒能够造成严重的破坏，如删除文件或使电脑无法操作。

脆弱性：在网络安全中，脆弱性是指任何在网络防御中可能被利用来获得未经授权的地址、破坏及其他影响网络的方式的缺陷和弱点。

蠕虫病毒：蠕虫病毒类似病毒。蠕虫病毒能够像病毒一样自我复制，但不改变文件。主要差别在于蠕虫驻留在内存。通常它们被忽略，直到其复制的速度降低了系统资源才开始引起人们的注意。

＊这些定义摘自 Robert Slade's 编写的 Dictionary of Information Security（syngress，ISBN：1-59749-115-2）。它包含超过 1000 条信息安全的术语和定义，遇到不熟悉的技术术语或缩略语时，该书是一个很好的资源。

有 奖 征 集 反 馈 意 见

尊敬的读者：

科学出版社科爱森蓝文化传播有限公司（简称"科爱传播"）立足国际合作，致力于为科技专业人士提供优质的信息服务。我们很想通过自己的努力最大限度地满足您的需求，您的哪怕是一点点的建议和意见，都将成为我们改进工作的重要依据。

我们将在每年的 6 月份、12 月份各一次从半年的参与者中抽取幸运者 10 名，幸运者可以从"科爱传播"的出版物中任选价值 1000 元的图书（10 册以内）作为奖品（全部出版物信息可在我们的网站上查到）。

1. **您所购买的图书书名：**《＿＿＿＿＿＿＿＿＿＿＿＿＿＿＿＿＿＿＿＿＿》

   您于＿＿＿＿＿年＿＿月＿＿日在（通过）＿＿＿＿＿＿＿＿＿＿＿购买到此书。

   你认为本书的定价：□偏高　□合适　□偏低
   你认为本书的内容有约＿＿%对您有用。

2. **影响您购买本书的因素（可多选）：**
   □封面封底　　□价格　　□内容提要　　□书评广告　　□出版物名声　　□作者
   □译者　　　　□内容　　□其他＿＿＿＿＿＿＿＿＿＿＿＿＿＿＿＿＿＿＿＿＿

3. **你认为我们出版物的质量：**
   　内容质量（学术水平、写作水平）：□很好　□较好　□一般　□较差
   　译介质量（翻译水平、文字水平）：□很好　□较好　□一般　□较差
   　印制质量（印制、包装）：□很好　□较好　□一般　□较差

4. **您最喜欢书中的哪篇（或章、节）？请说明理由：**
   ＿＿＿＿＿＿＿＿＿＿＿＿＿＿＿＿＿＿＿＿＿＿＿＿＿＿＿＿＿＿＿＿＿＿＿＿＿
   ＿＿＿＿＿＿＿＿＿＿＿＿＿＿＿＿＿＿＿＿＿＿＿＿＿＿＿＿＿＿＿＿＿＿＿＿＿

5. **您最不喜欢书中的哪篇（或章、节）？请说明理由：**
   ＿＿＿＿＿＿＿＿＿＿＿＿＿＿＿＿＿＿＿＿＿＿＿＿＿＿＿＿＿＿＿＿＿＿＿＿＿
   ＿＿＿＿＿＿＿＿＿＿＿＿＿＿＿＿＿＿＿＿＿＿＿＿＿＿＿＿＿＿＿＿＿＿＿＿＿

6. 您希望本书在哪些方面改进？

_____

_____

7. 您感兴趣或希望增加的图书选题有：

_____

_____

8. 您是否愿意与我们合作，参与编写、编译、翻译图书或其他科技信息？

9. 请列举您近两年看过的，您认为最有参考价值、对您帮助最大的 1~2 本书：

书名	著作者	出版社	出版日期	定价

11. 您还有什么别的意见、建议？（可另附纸）

● **请告诉我们您准确的地址和联系办法：**

姓名：_____ 性别：_____ 生日：_____年____月____日

单位：_____职务/职称：_____

地址：_____

E-mail：_____电话：_____

传真：_____手机：_____

回寄地址（也可以通过 E-mail 反馈）：

100717　北京东黄城根北街 16 号　科学出版社 科爱传播中心 杨 琴（收）

联系电话：010-64006871；传真：010-64034056

E-mail: yangq@kbooks.cn，keai@mail.sciencep.com

（注：本反馈单复印有效，也可以在线下载：http://www.kbooks.cn/reader.asp）